一生的资本

[美]奥里森·马登 著　文轩 译

LIFELONG CAPITAL

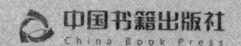

中国书籍出版社
China Book Press

图书在版编目（CIP）数据

一生的资本/（美）奥里森·马登著；文轩译.—北京：中国书籍出版社，2016.9
ISBN 978-7-5068-5900-4

Ⅰ.①一… Ⅱ.①奥…②文… Ⅲ.①成功心理—通俗读物 Ⅳ.① B848.4-49

中国版本图书馆 CIP 数据核字（2016）第 246748 号

一生的资本

（美）奥里森·马登 著，文轩 译

图书策划	牛　超　崔付建
责任编辑	牛　超
责任印制	孙马飞　马　芝
出版发行	中国书籍出版社
地　　址	北京市丰台区三路居路 97 号（邮编：100073）
电　　话	（010）52257143（总编室）　（010）52257140（发行部）
电子邮箱	eo@chinabp.com.cn
经　　销	全国新华书店
印　　刷	三河市华东印刷有限公司
开　　本	880 毫米 ×1230 毫米　1/32
字　　数	245 千字
印　　张	8.25
版　　次	2017 年 1 月第 1 版　2020 年 1 月第 2 次印刷
书　　号	ISBN 978-7-5068-5900-4
定　　价	36.00 元

版权所有　翻印必究

序

为什么有的人越来越富裕，而有的人却每况愈下，生活得越来越不如意？财富是一种数字，当这种数字波动变化时，你有没有考虑过，是什么原因在影响财富？那些富甲一方，并且让自己的财富数据不断增长的人，他们的核心竞争力到底何在？

在商业领域呼风唤雨的大有人在，他们有一颗渴望财富的心，有勤劳致富的双手。他们眼观六路，耳听八方，不轻易放过任何增加财富的机会。他们历经磨难，练得一身金钟罩铁布衫的功夫，不惧怕任何挫折和失败，能固守其志，坚持到底。他们从小就能正视富与贫，知道其间的差距并非不可逾越的天堑。贫者能致富，富者能落魄，这不是先天注定的不可改变的命运，而是经过后天努力可以自主的决定。财富是一门知识，有其规律可循。只要你有意识地去学习掌握，你就能驾驭财富，过上幸福美满的人生。

那些生在富裕之家的人，坐拥万贯家产，他们的起点虽然比普通人高，但如果没有驾驭财富的能力，不能增加财富的话，就难免坐吃山空，再大的家底迟早会被耗尽。那些出身贫寒的人，如果被贫穷压得抬不起头来，耻于谈及贫富的话题，不开启对财富的向往，去踏上征服财富的远征，那么他们也不可能改变自己的处境。要知道，自信是成功的基础，渴望是成功的动力，知识是成功的保证。加油吧，在这样一个全球经济化时代，做一个富人，而不要做一个羡慕他人财富的人。

年轻人想要在商业上获得成功，需要自我磨炼，不断完善自己；需要积累经验，不断强化自己；需要看这本《一生的资本》，它能给你启发，使你如虎添翼。

奥里森·马登从小是一个孤儿，他的处境非常糟糕。他几乎没有任何财富基础，也没有什么亲戚朋友向他伸出援手，他只能依靠自己，依靠坚强的心脏和勤劳的双手。他让自己成为自己最大的资本。他成功了，摆脱了贫穷，理解了财富，更重要的是，驾驭了财富。他将自己的经验心得和成千上万的青年共享，以帮助他们也能像他那样取得成功。

《一生的资本》甫一问世，就受到美国各地人们的欢迎，许多经济学家和管理大师也非常认可它，觉得书中所说的，能帮助人们更加适应目前的财富时代。

《一生的资本》是马登财富教育系列作品中最重要的一本，我们根据中国读者的需求，加以系统整理和编辑，使其分门别类，一目了然，更容易让读者了解其论述，并受到启发。

积累你的财富，行动起来吧！

目录

第一章
怎样快速增长你的财富
001

第二章
财富之路上的七大障碍
025

第三章
你能借鉴的成功致富经
049

第四章
安贫但不守贫
077

第五章
增长财富需要的个性特征
095

第六章
增长财富必需的能力
125

第七章
有钱人的十二个习惯
165

第八章
注重习惯与细节
217

第九章
一边工作，一边生活
237

第一章
怎样快速增长你的财富

一个人之所以不能迈向财富成功,往往就在于不能充分相信自己的能力,有失败的念头。

乐观精神

身处逆境时有人能含笑面对，有人就溃不成军。前者会是成功者，因为他们乐观面对逆境，具有成功的潜质；而更多人像后者，一遇逆境便沮丧、失望，停止奋斗，这种人很难走向成功。

在社会上，郁郁寡欢、忧愁不堪的人是没有吸引力的。假如一个人在别人面前总是闷闷不乐，别人会减少和他的交往，对他敬而远之。

当我们面对一个忧郁愁闷的人时，往往会敬而远之，因为人的天性喜欢快乐与阳光，而不喜欢郁闷与阴沉。一个人不应被情绪控制，做情绪的奴隶，而应该去控制情绪，做自己的主人。无论身处怎样恶劣的环境，我们都应该去正视它，去改变它。当一个人从逆境中走出来了，踏上了光明大道，就会信心百倍、勇往直前。

思想的萎靡是财富成功的敌人。其实，不管做什么事，勇气是最重要的，我们对自己要有信心，要有乐观的态度。恐惧、怀疑、失望的思想最容易在你身处逆境时摧毁你的意志，使多年的计划功败垂成，就如同上墙的蜗牛，辛辛苦苦爬到半路，一失足前功尽弃。

要想从困境中成功突围，一是要扫除影响自己快乐与成功的思想之敌，二是要集中自己的精力，坚定自己的意志。一个有极强心理素质的人，走出烦恼只需要几分钟。但大多数人却囿于烦忧,不能克服悲观情绪,重新乐观面对生活。他们紧紧封闭心灵的大门,在忧郁和烦闷中始终难以挣脱出来。

人在心情郁闷的时候,对于纠缠自己的痛苦,不要去想太多,不要让忧郁占据你的心灵。应当努力改变当前的环境,多去想快乐的事,要以最平易近人、最和善友爱的态度对待他人;用和善、欢快的语言,用高兴的情绪感染他人。

每个人都应努力为自己营造快乐融洽的气氛。要将悲伤的事情抛诸脑后,在家庭生活中寻找乐趣,享受和孩子们玩耍的乐趣。可以在音乐中、在谈话中、在阅读中去寻找乐趣。让心灵融入有笑声、有欢乐、能鼓舞自己的环境。

现实的压力、成功前的煎熬如果让你觉得痛苦,不妨走出写字楼,离开喧嚣的都市,徜徉于郊外的田野,享受自然风光,大自然会让你放松。只要随时保持乐观开朗的心境,你就打开了迎接财富成功的大门。

发扬自信

很多优秀的人一路向前终获成功，好像是胜利在倒追他们，这些人足迹所至，无往而不胜；他们仿佛是一切事物的主人、一切行动的发令者。他们傲视群雄，征服一切，这一切都源于他们的自信。坚信自己能克服一切艰难困苦，坚信自己能够摘取胜利的果实，在他们看来，为生存而竞争，去获取成功，仿佛垂手可得；他们能改变并控制自己身处的环境。他们也知道：自己无所不能，做任何工作都不费吹灰之力。

他们永远乐观，从不犹豫，对未来从不恐惧；当事业上遇到任何困难障碍时，他们也决不后退，自信凭借卓越才智能够顺利越过。他们只知道做任何事情，一定要成功，而且尽量做得尽善尽美。

这种坚强有力的人做起事来，从不犹豫，从不迟疑。他们总是相信自己才华过人、精明干练，胜利尽在掌握之中。

一个人之所以不能迈向财富成功，往往就在于不能充分相信自己的能力，有失败的念头。

一个人若想在社会上有所作为，首先要树立成功的信心。他自信能够征服一切，达到自己的目标。他能够扫除任何阻碍，面对任何打击。老师、父母如果希望自己的学生或子女出人头地，就应该尽可能地培养他们拥有这种信念：相信自己的能力，一定能成功。你可以把孩子们比喻成一棵树，告诉他们：大自然孕育了他们，就是希望他们将来能够事业有成，成长为世界上最高大的树。你要让孩子们相信：他们毫不缺乏获得成功的能力，足以建立丰功伟业。

自古以来，杰出人物但凡能够成功，大都是有明智的父母、聪明的教师和诚挚的好友在身旁鼓舞勉励，使他们在无形中拥有了一种神奇的力量，使他们深具成功的信念。他们或许也有态度消极、遇到困难想退缩的时候，但当他们想起那些亲友的热忱鼓励和殷切期望，便又立刻鼓舞精神，再度去努力拼搏。

如能经常鼓舞勉励朋友，设法增强他们的意志和决心，激励他们去争取并把握机会，那么便可以给予他们巨大的精神力量。

对朋友最有益的不是金钱或物质上的帮助，而是亲切的态度、令人振奋的谈话、真挚的同情、赞美和鼓励。这样做不但可以使你的朋友受惠无穷，就是对于你本身，也是益处多多。

谨记这一原则：确信自己必定成功，是替自己打了一针兴奋剂，会使迟疑、恐惧、后退、彷徨这些影响你成功的敌人纷纷避让。同时，你的希望、期待与能力会像电流穿过身体一般，使你整个身体受到感应，使你成为一个充满希望、大有前途的人。

在创作歌曲时，必须使每一个音节都十分和谐融洽；人的各种活动也如是。人体内的每一根神经、每一个细胞、每一项组织、每一种能力都是成功的基本要素，如能和谐一致，就可以奏出美妙的乐章。但是，一个音跑调有时就会使整首歌曲失败，同样的道理，人的任何一项弱点也都可以使他的全部努力化为乌有。

没有一个人天生是失败者，也没有一个人天生是成功者。一切都应归功于他自己善加利用自身的资源，他全身的一切原质、一切组织无不具有成功的能力。没有谁命中注定要过穷苦的生活。自古以来无数的例子可以证明，每一个人都有权利享受生活和快乐。无论从一个人的生理、心理，还是环境上看，人人皆为快乐而生，也都有权享受一切幸福、财富和满足。

善于创造和把握机会

人不应该被命运掌控,而应控制命运。许多贫穷的孩子,尽管出身卑微,却能闯出伟大的事业。比如富尔顿勤奋钻研,由于发明了推进机,成为美国著名的大工程师;法拉第凭借药房里几瓶药品,成了英国著名化学家;惠德尼利用小店里的几件工具,发明了纺织机。此外,豪靠缝针和梭子,发明了缝纫机;贝尔用最简单的部件,发明了电话。

在美国历史上,最激动人心的故事便是个人奋斗成功史。很多男女确立了伟大的目标,尽管在途中遇到种种艰难险阻,但他们依然不轻言放弃,以坚忍不拔的精神来应对艰难,笑对逆境,最后终于克服了一切困难,获得了成功。更有许多人本来处于十分平凡的地位,但依靠他们坚忍不拔的意志、努力奋斗的精神,获取巨大的成功,最终跻身于社会名流之列。

失败者的借口总是:"我缺乏机会!"

可是坚毅的人绝不会以此为借口,他们不坐等机会,更不会向亲友哀求,而是靠自己的勤奋去努力创造机会。他们深知,机会是需要自己去争取的,惟有自己才能给自己创造机会。

在某一次战斗胜利后,有人问亚历山大,是否等待恰当的时机,再去进攻另一座城市,亚历山大听后大怒道:"机会?机会要靠我们自己创造出来。"创造机

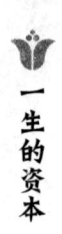

会，足以体现亚历山大的伟大。现代社会也一样，只有会创造机会的人，才能建立一番事业。

如果一个人总是坐等机会光临，这是极其不应该的。在漫长的等待中，所有的努力和热望都可能付诸东流，而那机会始终也未曾登门。

有人认为，机会是打开成功之门的钥匙，一旦有了机会，便能稳操胜券，获得成功，但事实并非全然如此。无论做什么事情，即便有了机会，也需要不懈努力，如此才有成功的希望。

在社会生活中，总有许多失业者，他们总认为社会对劳力的需求不足。但事实上，仍有许多职位是空缺的。在每个公司的门口，都贴有"诚聘员工"的广告。当然，企业界所招聘的是那些受过更好训练的人才，是那些更为出色的经理和领导。

人们常常把事业看得过于高远了，其实它是从最简单的工作开始的。我们若脚踏实地，一步一个脚印，持之以恒，终成大业。

你看过林肯的生平传记吗？如果你了解到他幼年时代的处境和他日后的成就，会作何感想呢？他家境贫寒，住在一间既没有窗户，也没有地板的非常粗陋的茅舍里；他生活在荒郊野外，距离学校很远，既缺乏生活必需品，更没有报纸可以阅读。就是在这种情况下，他也不放弃对知识的追求。他一天要跑二三十里路，到简陋不堪的学校去上课；为了自己的进修，要跑一两百里路，去借几册书，晚上只能凭借着燃烧木柴发出的微弱火光阅读。林肯只受过一年的学校教育。他身处于如此艰苦卓绝的环境中，依然顽强奋斗，通过自己的努力，竟成为美国历史上伟大的总统，成了世界上完美的典范。

成功永远属于那些奋斗不止的人，而不属于那些一味等待机会的人。我们应该牢记，机会不会凭空出现，完全在于自己的创造。如果把机会寄托在别人身上，失败在所难免。机会其实包含在每个人的性格之中，正如未来的橡树包含在橡树的种子里一样。

"我缺少机会。"可是看看林肯，这个生长在穷乡僻壤茅舍里的孩子，他凭什么入主白宫，成了美国总统？同一时代那些成长于图书馆和学校中的孩子，其成就反而大大不如，这又如何解释呢？再看那些出生于贫民窟的孩子，他们条件很差，但还不是照样出了议员、大银行家、大金融家、大商人吗？那些大商店和大工厂，有很多不就是由"缺少机会"的穷孩子凭借自己的努力而创立的吗？

因此，"我缺少机会"，永远都是失败者的借口。

拥有学识、健康、信用和常识

刚走入社会的年轻人如果要想出人头地，就非得有一笔资本不可，这笔资本并不是物质的，而是学识、健康、信用和常识。

一个人在专业学识方面有很深的造诣固然足以自豪，但在应付各种各样的实际困难时，他们的表现往往远不及那些具有丰富实际经验与常识的人。有一句德国谚语说得好："当你仰望星空时，请别忘了屋里的蜡烛。"也许天才有着伟大的理想，他们的想法往往具有一定的高度，往往能从自然界发现真理，但是如果他们缺乏常识，他们的理想与发现对于人们的实际生活可能毫无用处。但世界上仍然有很多人轻视常识，平时也不加以注意，在生活和工作中有时便会因缺乏常识而把事情做砸了，但他们仍然不反省，甚至没有认识到犯错的原因，反而怪罪自己运气不好。若是这样想，他们永远不会进步。大发明家爱迪生说："专业知识的作用只及常识的一半。"

常识之外，各种精湛的技能也是一个人应该必备的。在我们身边，无数的青年在努力寻找成功的机会，但其实，如果一个人没有专长，即使拿着大学文凭，身边有一帮有钱有势的亲戚朋友，也仍然毫无用处。如果真想获得好的发展机会，最终还是凭借自己的实力。什么事都依赖别人，是很难取得成功的。

从当下起，你就要努力增加你内在的财富——健康的体魄、永往直前的气魄、令人愉悦的态度和一丝不苟的品格。总之，你应该尽力培养自己的能力，积累各种知识、经验和技能。你虽然还没有太多金钱，但你身上、大脑里的财富必须要充足。这是你走向财富的基础。这样，即便经济萧条或遭遇不幸，你也不会全然失败，而能安然度过。

在待人接物中别人能从很多方面看出你有没有真才实学，比如你的眼神、谈吐、工作业绩、对事情的诚意等。如果你的内心特别富有，你就会像一朵绽放的玫瑰那样光芒四射，吸引你周围的和每个走过你身边的人，让他们能立刻感受到你的魅力。

许多年轻人刚刚踏入社会就想获得成功，不惜以他所有的一切作为赌注，这真是一件可怕的事情。一个人做事时，一定要顾及以后的需要，年轻人万万不能过度消耗自己的精力和体力。

有一类青年内心里是很富有的，但他们不断挥霍自己的才能，有的人甚至没日没夜地糟蹋自己的才能，即使有好机会也轻易错过了。有才华的人却不把这种内在的财富用于正途，这种做法简直是暴殄天物。

更可悲的是，他们甚至牺牲了名誉、理智及最重要的成功因素——人格。一个生气勃勃、和善可亲的人，为什么无论走到哪里都会受到人们的欢迎？因为凡是与他交往的人，都会感到轻松快乐，所以人们喜欢和他交往。一个人一旦拥有这种性格，无形中就为自己增添了宝贵的资源，这也是属于个人的性格财富。

你希望别人知道你有多少存款吗？你希望别人知道你有多少股票、多少地产吗？这些想法真是无聊。一个人只要有良好的品格与信用，时时处处都会有人来注意你。人格是你最好的自荐信，你一生的前途都有赖于这封自荐信。

世界上最富有的人不是拥有金钱最多的人，而是拥有健康人格的人。一个百万富翁和一个享有美好名声的人相比，简直是小巫见大巫。一个通过不法手段发财致富的人，在一个善良诚实的穷人面前，甚至也要无地自容。一个不学无术却暴发横财的富翁，在一个饱学之士面前，简直会羞愧欲死。在年轻人的教育中，家庭和学校应该认真地告诫他们人格的伟大价值，否则，教育便没有尽到它应尽的职责，就会给个人和社会造成不可估量的损失。

我们应该利用自己的时间和精力，去赚取利人利己的财富。

人们并不是通过外貌去与人交往，只要你待人和善、做事忠诚、言行坦白，那么无论你外表如何，都会受到人们的真心欢迎。人类具有判断力，伟大的人格足以使一切人受到感化。当我们遇见一个品格高尚、为人诚挚、富有爱心的人时，无须他人介绍，崇敬之情便会油然而生。

我们才刚刚踏入社会，应该立志养成一种伟大的人格，让它像灯塔一样照亮四方。一踏入社会便整日钻进钱眼里，成天妄想天降横财，这是年轻人的大忌。我们平时的言行举止，必须建立在正确判断力的基础上，要温和、不偏不倚，惟有如此，才能成功。

不断追求进步

一杯新鲜的清水，放的时间久了也会变质。同样，一个经营得很好的商店，店主如果不时刻作出改进，经营必会日渐衰落。

成功者的特征是他能不断追求进步。他害怕自己退步，害怕堕落，因此总是自强不息、精益求精。

做一件事的过程中，不能轻易停下来，而应该持续努力，以求达到新的高度。一个人在事业上自满自足时，他的事业就将由盛转衰。

每天清晨，我们都应该下定决心：今天要将本职工作完成得更好些，要比昨天有所进步，而晚上离开办公室、工厂或其他工作场所时，一切都应安排得比昨天更好。如果能坚持这样做的人，事业一定会突飞猛进，财富也会随之骤增。

不断改进工作习惯，不断前进，这样的精神极具感染力。这样做的雇主，会影响他的员工，使得员工也习惯改进日常的工作。如果雇主能这样激励自己的雇员，促使他们自动自发，那么，他的事业就获得了强有力的支持。

一个想获得成功的人，必须经常同外界接触，甚至常同其竞争对手接触，应该去模范店铺、商场、展览会以及一切管理良好的机构团体观摩，借鉴新的行之有效的管理方法。

美国芝加哥有一个成功的零售商，他利用一个星期的假期，去参观国内的大商场，在参观中他不断思考，由此琢磨出改进自家商场的方法。在此之后，他便每年到东部旅行，专门去研究几家大规模商场的销售方法和管理方法。他认为，这样的参观是绝对必要的。经营商场如果墨守成规、一成不变，事业一定得不到发展。

  那个商人说，他的商场经过不断改进，已经和以前大不相同了。以前从未注意到的缺点，比如：货品的摆设不能吸引顾客，雇员工作不认真等，在他研究优秀同业者的经营管理方法后引起了他极大的注意。于是，他开始大力整顿，比如调整橱柜的陈列，辞退不尽职的雇员等。店内的气象因此焕然一新。所以，要使自己的店铺发展，惟一的方法就是使用新的经营方法，这就需要经常借鉴同行的做法。与同行积极交流往往是获得好方法的捷径。

  人的血液时刻更新，所以人的身体保持健康。同样，人的思想也应该时常更新，吸收更加有效的方法。惟有如此，事业才能日益发展起来，直至成功。

  只有才能出众的人，才会领悟到时刻更新追求进步所具有的巨大价值。也只有这样，才会用客观的态度，去学习别人的优点，弥补自己的缺陷，取长补短以求改进。

  那些经常身处在一个环境中的人，不思求变，不求更新，必定要走上失败的迷途。他们往往容易对现状心满意足，对存在的缺陷又毫无察觉乃至视而不见。他们如果不置身于一个全新的环境，是绝对发现不了这些缺陷的。

对于自己的事业许多人常常产生这样的错觉,他们只接受整个的、全面的改进。他们不知道改进的惟一秘诀,乃是大处着眼,小处着手。其实,只有不断追求改进,才能收到成效。

如果把"今天我应该在哪里改进我的工作?"这句话张贴在自己的办公室里,一定会对你的事业有所帮助。

我认识一个人,他在事业起步阶段就把这句话作为座右铭,时刻以此鞭策激励自己,结果他的办事能力得到了大幅度的提高,为一般人难以企及。他从事的工作,没有粗制滥造、杂乱不堪或半途而废的,每一件都能圆满地完成。

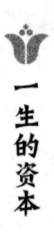

持之以恒

如果你认真地审视过自己,对自己的体格、知识、特长、才能和志趣等深有把握和了解,同时你也已经找到适应自己的性格并且又能胜任的职业,那就不要犹豫不决,更不要费尽心机去这山望着那山高,而是应该立即坚定意志,集中精力从事现在的工作。

如果你认为换了别的工作一定会比现在的处境更好,现在的工作已经不再适合自己,那么就请当机立断,马上辞职。

惟有坚定不移的决心才能战胜所有困难。一个有决心的人,容易获得别人的信任;一个有决心的人,到处都会得到别人的帮助。但那种做事不专心、懒散和缺乏毅力的人,没有人愿意信任他或支持他,因为大家都知道他做事不靠谱,随时都会半途而废。

许多人之所以没有获得事业上的成功,并不是因为能力不够、诚心不足或者缺少对成功的渴望,而是缺乏足够坚定的决心。这种人做事的时候往往有始无终,做起事来也是马虎了事。他们总是怀疑自己是否能成功,总是在犹豫自己应该从事何种职业,有时他们认定对某种职业有绝对成功的把握,但稍微尝试之后又觉得还是另一个比较妥当。他们有时安于现状,有时又好高骛远。这种人最终难免失败的结局。对于这种人所做的事情,别人肯定不敢予以信任支持,因为即使他自己也常常毫无把握。

做事业，你如果了解自我，能够充分地发掘自己的潜能，便无形中找到了一条通往成功的道路，否则，你永远不会取得成功。一个人有了钢铁一般坚毅的决心，无形中便能给他人一种保证，表明他做事一定会坚持到底，让人相信成功就在那不远处。举个例子说，一位建筑师设计好图纸后，如果能完全依照图样，一步一步去施工，一座理想的大厦不久就会拔地而起。但倘若这位建筑师边施工，边不停地改动图纸，那么大厦还能盖成吗？由此可见，做任何事情，下决心时固然应该考虑周详，但决心已定，就千万不能再动摇更改了，而应该按照既定的计划，脚踏实地，不达目的誓不罢休。

世界上任何一个遇事优柔寡断的人都不可能获得成功。成功者有这样的特征：他绝不因任何困难而沮丧，看准目标便永不言弃，勇往直前。

想要获得成功，必须具备两个重要的条件：一是坚定，二是忍耐。一般来说，人们最信任的就是那些意志坚定的人。虽然意志坚定的人也会遇到困难，遭受障碍和挫折，但即使他失败，也不会败得一塌糊涂，从此一蹶不振，因为他拥有坚毅的决心，让人对他的重新振作充满信心。我们经常听到有人在问："那个人还在奋斗吗？"这也就是说："那个人还有前途吧？"

只要有坚定的意志力，即使才智一般，也会有成功的一天；否则，即便是天纵奇才，也难逃失败的厄运。

开始财富征程的年轻人最应具备的品格，除了"忠诚"之外，便是"勇气"。有勇气的人做事时经得起挫折，所以很容易获得他人的信任。"决心"固然重要，但有时会因力量不足、能力有限而受阻。这个时刻，惟有"勇气"能帮助我们。

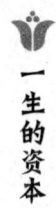

获得成功的基础不是别的,正是永不屈服、百折不回的精神。库伊雷博士说过:"许多青年的失败,都可以归咎于缺乏恒心。"许多年轻人都拥有才学,也具备成就事业的能力,但他们的致命弱点是缺乏恒心,没有忍耐力,所以,终其一生,碌碌无为。在奋斗过程中,稍有困难与阻力,他们就立刻往后退缩,止步不前,这样的人很难获得成功。如果你想要获得成功,就必须为自己赢得良好的声誉,让你周围的人对你的能力有深刻的了解:一件事到了你的手里,就一定会做成。

意志坚定、富有忍耐力、头脑灵活、做事果断,这些良好的名声就是你的财富,无论走到哪里,你都能找到一个适合你的好职位。但是,如果你自轻自贱、得过且过、一味依赖别人,那么生活会无情地抛弃你,别人也会对你不屑一顾。

决心是最有价值的美德,只要拥有决心,一个人的全部能力便能得到酣畅淋漓的发挥。

学会放弃

1888年,银行家里凡·莫顿先生成为美国副总统候选人,名噪一时。1893年夏天的某日,农业部部长詹姆斯·威尔逊先生到华盛顿拜访里凡·莫顿。在谈话之中,威尔逊非常偶然地问起莫顿是怎么会突然转行,由一个布商变为银行家的。里凡·莫顿说:"那完全是因为爱默生书里的一句话。有一天,我翻开爱默生写的一本书,书中一句话突然跃入了我的眼帘:'假如一个人拥有一种别人所需要的特长,那么无论他走到哪里都不会被埋没。'当时我还在经营布料生意,业务状况比较平稳。但是这句话深深地打动了我,给我留下了深刻的印象,在这句话的激励下,我决定改变我原先的目标。"

"所有的商人困难时都要去银行贷款以便周转,我也不例外。看到了爱默生的话后,我就仔细思考、分析了当时的社会环境,当下人们的生活起居、生意买卖,处处都需要金钱;世上不知有多少人为了金钱,尝尽了苦头。经验告诉我,当时各行各业中最急需的就是银行业。"

"我于是下决心转行,放弃了原来稳定的布行,开始创办银行。在稳妥可靠的情况下,我尽量多往外放款。万事开头难,开始我要四处去找贷款人,后来,许多人就开始来找我了。所以,无论什么事情,只要脚踏实地去做,总能成功。"

成功者始终是少数,不知有多少人因为不适合的工作而失败。他们并非不认真,在这些失败者中,很多人做事都很认真,按理说应该能够成功,但实际上却一败涂地,这是什么原因呢?因为他们没有勇气放弃耕种已久但荒芜贫瘠的土地,另去寻找那肥沃多产的田野。最后,光阴已逝,只好眼看着自己白白浪费大量的精力,仍然两手空空。他们想不明白为什么会失败,仍然继续糊里糊涂地过日子。他们完全没有意识到,其实他还没有找到适合自己的工作。

当你全力坚持从事一项职业,但一直没有取得进步,看不到一点成功的希望,那么你就应该自我反省,考虑一下自己的兴趣、目标以及能力,看看自己究竟是否选择错了职业。如果选错了,就应该及早回头,去寻找更适合自己的、更有希望的职业。改变航向时尤其要当机立断。在美国西部,有一位著名的木材商人,他坚持做了40年的牧师,却无法成为其中的佼佼者。他思虑再三,重新分析了自己的优势和弱点,立刻更改目标,开始经商。他从此一帆顺风,最终成为全国有名的木材商人。改变航向并不容易,在你重新确定目标前,一定要慎重考虑,不可以三心二意。

一棵是开枝散叶的参天大树,另一棵却枝瘦叶细、矮小异常,没人能看得出其实它们曾是两颗一样的种子。可见,环境的影响力不可小视。

一个人如果因为选错了职业而无法充分发挥自己的才能，这非常可惜。但是，这个错误并不是没有机会纠正，只要他能够意识到这个问题，亡羊补牢为时未晚，仍然有重新开始的机会。只要找到正确的方向，就完全有可能走向成功。那时候，他一定会感觉自己像是一个新人，生活和思想从此都焕然一新。

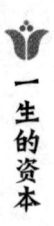

重视"今天"

在我们活着的所有日子中,"今天"最伟大,最值得珍惜。

人类的历史,好比滚雪球,一代一代愈滚愈大,而今日就是那过往历史的总汇,是历代发明家、创造家、思想家、革新家杰出贡献的总结,是历代精华的仓库,今日是过去的种种成就与进步的积累。今日的青年,与50年、100年前的青年相比,真是太幸福了。甚至可以这么说,今日普通民众所享有的舒适与自由,胜于100年前的帝王。

但是今日总有人会发出生不逢时、今不如昔的感慨,以为过去的时代都是黄金时代,而只有现在最为糟糕。这真是大错特错!其实,昨日和明日都是无关紧要的,重视现在的生活才最重要。处于今日的世界里,应和今日的社会保持接触,绝不能做一个空想家,把过多的精力投掷在怀念过去或是梦想将来上。

那些不虚掷精力去追悔过去的错误、幻想将来的种种舒适与自由,只是脚踏实地、认真过着每一天、善于充分利用现实的人,他们的生命也必定会更成功、更完美。

不陶醉于对将来的幻想,重视今日的生活,才不会丧失生活中的乐趣。不要因为下月下年的打算,便轻视现在的生活,不要因为幻想而践踏今日脚下的玫瑰花,珍惜今日,你才能在世界上尽享幸福。

每个人都可以尽情享受今日的舒适安乐,不应只是幻想明日的名车洋房。享受今日的衣装，不应幻想明日的华服。今日居住的房屋应该成为你最快乐、最甜蜜的场所，而不应去幻想理想中的寓所。

这并非鼓励人们不去计划明天，也并非唆使人们放弃未来更美好的事情，而是提醒人们不应该把太多的注意力放在将来的不可测的事情上，一味期望明日，从而将今日的快乐、机会与享受一并错过了。

创业的时候，人如果时常淹留在期待的想像里，容易对今日的生活产生厌烦心理，对今日的职业失去兴趣，并且影响享受目前生活的心情。所以，不应该把注意力过多集中在对未来的幻想上。

真正的快乐蕴藏在人们生活的每一天里。

第二章

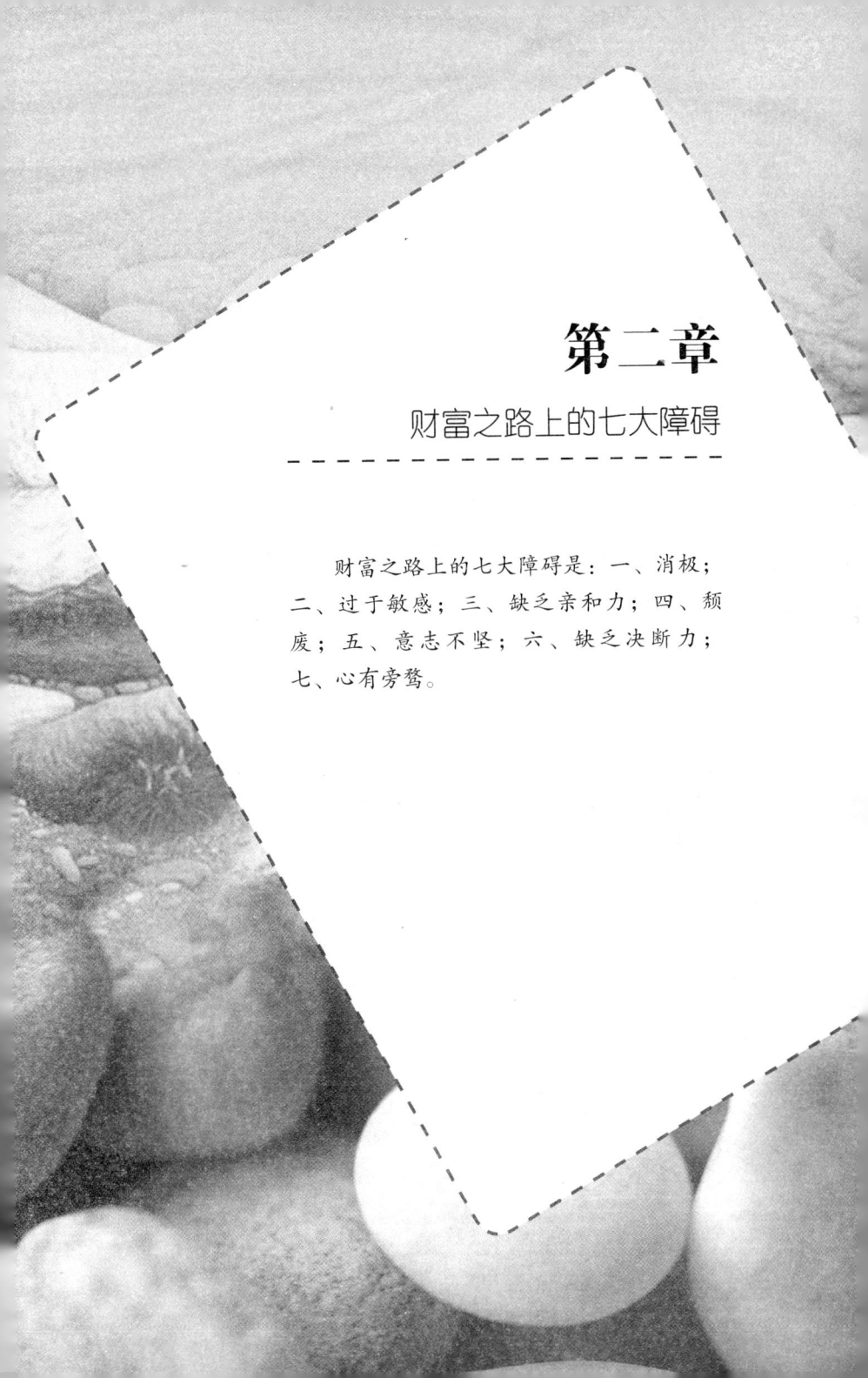

财富之路上的七大障碍

财富之路上的七大障碍是:一、消极;二、过于敏感;三、缺乏亲和力;四、颓废;五、意志不坚;六、缺乏决断力;七、心有旁骛。

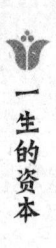

障碍之一——消极

"做一天和尚撞一天钟吧。""得过且过呗。""只要不丢掉饭碗就行啦!"这样的话常出于那些颓废的年轻人之口。现在有不少年轻人陷入这种窘况。他们实际上已经承认了自己人生的失败,根本不奢望"进步"与"成功"了。

年轻人,重新振作起来吧!提起精神,积极的态度能够使你的生活充实起来,并使你重新获得无穷的乐趣。在工作中,你必须全力以赴,因为所有的工作都可以增加我们的经验,提高我们的才能。在工作中,每天都要使自己的能力有所进步,经验有所积累。如果一个人能振作起来,并且持之以恒,那么他的生活不久将会有质的改观。如果不振作精神,做什么事情都不会成功。

那些有目标、有毅力、有抱负、不畏艰苦、热忱满怀的人才能获得成功。世界上没有一件丰功伟业是只想安于现状的人完成的。

试想,如果想创作传世名作的画家在拿笔的时候不专注,画画时也很懒散,东涂一笔西抹一画,他怎么能画出一幅传世杰作呢?对一位想写出千古流传的好诗的大诗人来说,对一个想写出一部众口传诵的名著的作家来说,对一个想在一门对人类有益的高深学问上有所突破的科学家来说,如果他们工作时也只是敷衍了事,那么他们会获得成功吗?

豪勒斯·格里利先生说,想要把事情做得完美,判断和热忱都是必需的。一个生气勃勃、目标明确、细心审慎的人，会全力以赴向前迈进，也一定会勇于接受任何挑战。他们从来不认为应该"混日子"，他们的生活充满活力，每天都是崭新的。他们总是在按计划取得进步，他们知道，目标就在前方，不管前进了多少，最重要的是每天都在进步。

大音乐家奥里布尔的故事就是最好的例子。所有的听众无不为他那优美的小提琴演奏所倾倒。奥里布尔的音乐就好像微风送来的阵阵花香，使他们忘掉了一切烦恼。

那么，奥里布尔是如何获得成功、成为一代音乐大师的呢？在他小时候，贫穷与疾病缠身，他父亲也强烈地反对他学提琴。但是，奥里布尔渴望学好小提琴，他学习的热忱和专心致志的态度，使他最终粉碎了一切障碍，成为了举世闻名的大音乐家。

世界上有太多的人在不知不觉中糟蹋自己的潜能和才干。一旦遇到必须由他们负责的事情，他们总是习惯性地选择躲开，恨不得立刻就有人伸出援手，帮助他们。

这些人得过且过、懈怠懒惰，他们是生活中的愚蠢懦弱者，在他们的眼里，世界上所有的好位置、一切有前途的事业，都已人满为患。的确，像他们这样懒散成性的人，无论走到哪里，都没有人需要他们。各行各业需要的是那些勇于负责、努力奋斗、有主见的人。

有些年轻人常常这样想："为什么非要做一个一流人物，我

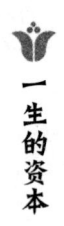

只想安于做一个二流人物。"这种想法非常愚蠢，如同滞销的劣货一般不为人所需、不被各行各业重视的人，大都也是怀着这种心理、无法跻身一流行列的人。一流人物无论什么时候都是人们所需要的。

二流人物就像二流商品，只有当一流人物找不到了，才会将就着用二流人物。但用人者永远希望的是，找到一流人物为自己的机构服务。

社会生存竞技场中的失败者也就是那些无法跻身一流行列的人，原因是多方面的：有的是因为受环境影响，从小生活在不好的环境中，不自觉沾染不良习气，难以改变；有的是由于缺乏良好的教育，或没有受过有效而完善的为人处世的训练。

一个人惟有靠自己的奋斗，克服重重艰辛与困难，才能获得财富和成功，只有这样才能获得他人的信任和尊重，才称得上真正的光荣。假如你得益于父母的关系才获得一个职位，你一定会觉得工作非常乏味，因而常常不能产生太大的兴趣。如果你现在的一切并非经过自己的努力，而是通过其他方式得到的，那么你做起事来感觉一定很糟。重要的职位绝非学识浅陋、缺乏才能的人能胜任的，所以，在并非靠你自己能力取得的位置上做事便会四处碰壁，那时，你仍愿意在那个位置上继续干下去吗？

在生活中悲剧时有发生：一位富商把自己毫无才能的孩子安置在自己的公司，职位高人一等。在他孩子手下做事的普通员工，如果都比那孩子更努力，拥有更丰富的经验，试问，当儿子的若稍有自知之明，会怎么想呢？他一定会觉得羞愧难当。其实，他自己心里非常清楚，他现在仅仅因为父亲的关系占据着高位，几乎是不劳而获。事实上，应该由一位在商界工作多年、精明能干、富有经验的人来取代他。只要他觉察到这点，便会觉得这实在有损自己的尊严，在公司也无法挺起腰板做人。

请谨记：财富与成功只能凭借自己，如果不是基于自己过去的努力而获得的业绩，那么即使得到了，也是毫无意义、毫无价值的。

第二章 财富之路上的七大障碍

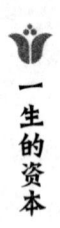

障碍之二——过于敏感

许多人都有一种过于敏感的心理，他们一看见陌生人就想赶快躲开，这种想法很奇怪。这种过于敏感的心理是成功的障碍，若不能克服，就很难有成功的可能。

世上有许多人便是因为神经过敏而陷于人生困境。

在我认识的年轻人中，有许多人受过高等教育，也有正当的职业，他们只因神经过敏，无法忍受别人的一句批评、一句劝告，这样的心理导致他们无法得到发挥潜能的机会。这种人常常会因为一些小事悲痛欲绝，事实上这些仅仅是他在办公室或其他地方遇上的一些微不足道的小事。这种人每时每刻都会疑心别人，对他人无意的行为作种种揣测，因此到后来，不但他们的心情总是不好，工作效率也受到了很大的影响。

"因神经过敏而走上自杀之路"，这是一份报纸上曾经刊载的悲剧。

一位女孩小时候家境富裕，生活快乐无忧。父亲去世后家道衰落，年轻的女孩为了自己和母亲的生活，不得不去工作。她进入纽约的一个商行做速记员，平时她工作努力，但由于童年的娇生惯养造成了一个很致命的弱点：神经过敏。因为生活窘迫，她无法打扮自己，生怕别人笑话，处处躲闪，努力避开那些穿着时髦的女同事，因此被看成"怪人"。

一天，有位男同事问她："你为什么不像别的女孩子一样打扮自己呢？"她听后痛苦至极，抱头痛哭。神经过敏也越发严重，并因此丢掉了工作。终于有一天，绝望的她买了一瓶石炭酸，在悲伤中结束了自己年轻的生命。

神经过敏的人就像蜗牛一样，一遇刺激，便立刻收缩、封闭，或因此找不到工作，或工作难长久，甚至事业衰败。

教师中的神经过敏者，当家长或学生与学校当局稍有责难，或社会稍有流言，都会使他们坐立难安。

文人与作家因为神经过敏遭受无谓的煎熬。有位评论家不仅神经过敏，而且易怒，无论在哪里工作都不能做长，他一见到或听到别人反对他，便难以忍受；如果有人对他的工作提些意见，他立即引以为奇耻大辱。

因为神经过敏，很多学问极好的牧师，总觉得信众里有人说自己的坏话，诋毁自己，因此难以安心工作。

一个神经过敏的人时刻都会觉得别人正在注意他，仿佛别人所说的话、所做的事都与他有关。他错误地认为，任何人都在谈论他、监视他或耻笑他。但实际上，他总在注意别人，而别人从未注意过他。

神经过敏的人通常都具有良好的品格、远大的抱负和渊博的学识，如果他们能克服神经过敏这种毛病，必定可以成就伟业。

神经过敏往往会成为阻碍人发展的可怕毒瘤，它容易使人养成其他种种恶习，比如妄自尊大、矫揉造作等。神经过敏者还常

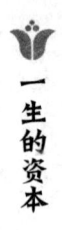

常自我欺骗，把琐碎的小事放大，结果只是自寻苦恼。毫无疑问，神经过敏是一种严重的缺陷。

神经过敏会让人失去愉快和健康，也是自尊心的敌人。聪明人都应该避免这个毛病，要时时保持身心健康、头脑清晰，要努力塑造自己的人格，重建自信心。

治疗神经过敏需要一个过程，可以尝试多与别人交往。与别人交往时尽量不要在意自己内心的那些细微感受，而是尊重交往者的才能与学识。坚持这样，你就可以慢慢医治这一心理顽疾。

美国大主教华特里从前也有神经过敏和怯懦的缺陷，每天都觉得有人在注意他，在对他品头论足，因而时刻为之苦恼。但后来他幡然醒悟，下定决心不再去理会别人对他的评论，不久他的神经过敏就痊愈了。要医治神经过敏，首先要有坚定的自信心，要坚信自己是一个诚实、能干、守信的人。这种自信心一旦形成，就很容易克服心理怯懦、猜忌的毛病。

障碍之三——缺乏亲和力

没有哪个店主会喜欢那些行为粗鲁或无精打采的员工，他们喜欢的是做事敏捷、生气勃勃、令人愉悦的人。那些浮躁不安、吹毛求疵、惹是生非、为人刻薄的人则永远不会受欢迎。所以，一个脾气古怪的人即使本领再大，他的发展空间也是有限的。一些学识渊博、才华过人的人总感到奇怪：为什么自己争取不到好的位置？其实他们不明白，缺乏亲和力已经成了他们成功道路上的最大阻力。

在年轻人的发展道路上，良好的气质、优雅的风度对他的未来会产生非常有利的积极影响。一个有风度的青年，谁都乐意与之交往。而一个脾气古怪的青年，谁都不会愿意和他打交道。我们生活在世界上，向往的应该是快乐和舒适，而不是冷酷与烦恼。

影响业务拓展的，往往不是那些人人都关注的大事，有时反而是那些不容易引起注意的小事。对事业成功阻碍最大者莫过于不谦虚。缺乏谦恭的品质，狂妄自大的人不但在事业上易于失败，还会因为这些不良的习性丧失生活中的很多乐趣。

很多人在无意中养成了不够谦逊、妄自尊大的习性，以致阻碍了他们的成功。所以，如果你渴望成功，就应该时时刻对自己平时的习惯进行自省，把那些会阻碍成功的劣习一一克服，比如举止慌乱、行走无力、急躁不安、言语尖刻等，因为这些小习

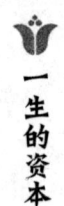

惯都有可能成为失败的元凶。

你最好能把所有对成功不利的坏习惯记录下来,和自身加以对比,并想方设法改掉出现在你身上的坏习惯。

发现自己确实有某些不良的习惯,就要勇于承认,不要找借口搪塞,要努力将这些不良习惯逐一改正。若能持之以恒,你必然会有收获。

障碍之四——颓废

一个年轻人如果精神上萎靡不振，那么行动就会拖沓，他的身体看上去就软弱无力，仿佛风一吹就倒，整个人看起来总是蔫蔫的，脸上毫无生气，做起事来也会一塌糊涂。"萎靡不振"是这世界上最难治也最普遍的毛病，它常常使人完全陷入绝望。

年轻人一定不要与颓废不堪、没有志气的人来往。一个人一旦染上了这种坏习气，即便后来幡然悔悟，他的生活和事业也必然要受到很大的冲击。

一个萎靡不振、毫无主见的人，说话吞吞吐吐，想问题总是犹豫不决，遇到什么事情都习惯性地"先晾在一边"；更可悲的是，他并不自信能做成一番事业。

迟疑不决、优柔寡断对成功有极大的伤害。优柔寡断的人遇到问题往往瞻前顾后，莫衷一是，不到最后绝不作出决定。久而久之，他就养成了遇事不能当机立断的习惯，也丧失了自信。由于这个习惯，他原本所具有的各种能力也会慢慢退化。

反之，那些意志坚强的人习惯于当机立断，并且有很强的自信心，能坚持己见。与这样的人相处，你一定会感受到他精力的充沛、处事的果断、为人的勇敢。凡认为自己是正确的，这种人就会大声地说出来；他们相信自我的能力，遇到确信应该做的事，就努力去做。

有一部叫《小领袖》的作品，描写了一个凡事都优柔寡断、迟疑不决的人。这个人从小就想把附近一株挡道的树砍掉，却一直犹豫不决。随着时间的推移，那株树渐渐长大，他也已两鬓斑白，那株大树依然挡在路中间。还有一个艺术家，他一直对朋友们说，要画一幅圣母玛丽亚的像。但他只是整天在脑子里想像那画的布局和配色，翻来覆去，总觉得这也不好那也不好。为了构思这幅画，艺术家荒废了其他所有事情，但是直到他去世，这张他日夜构思的"名画"还是没有问世。

要给别人留下好印象，千万不能遇事犹豫不决、优柔寡断，和人交往更不能无精打采。这样的人无法获得别人的信任与帮助，不能获得他人信任的人是难以成功的。只有那些精神振奋、踏实肯干、意志坚定、富有魄力的人，才能在他人心目中树立起良好的形象。

那些在城市的街头巷尾到处漂泊、居无定所、食无着落的人，他们都是生存竞技场上的失败者，是那些有魄力、有决心的人的手下败将。因为他们提不起精神，没有坚定的意志，所以，他们必然前途暗淡。现状又使他们失去了再度奋起的勇气，仿佛他们惟一的出路就是到处漂泊、四处流浪。

青年因为缺乏远大的目标和正确的思想，所以最易犯的错误就是从来想不到要拿出勇气，振奋精神，努力向前，而是一味颓废，最后沦落到自暴自弃的境地。随后，自暴自弃成为习惯，他们从此不再有计划、不再有目标、不再有希望。如果你想劝服他们，要他们重新振作，也是千难万难。在白纸上写字容易，擦去却很难。给一个刚从学校跨入社会、热血沸腾、雄心勃勃的青年指出一条正确的道路是容易的,但要想改变一个屡经失败、意志消沉、精神颓废者的命运则难于上青天。对这些人来说,他们仿佛已经失去向上的力量,活着如同行尸走肉,再也没有重新振作的精神和力量了,对生活的所有希望也都已破灭。

这些可怜的人如果彻底反省,再寻得一个切实可行的目标,下定决心,并能持之以恒,他们的前途仍不失光明。其实,世界上很多失败者,他们的一生都没有什么太大的过错,只是由于自身弱点太多,懦弱而无能,结果做事情总是半途而废。只有坚强的意志、持久的忍耐力、敢做敢为的决断力,才能将他们从失败的苦海中拯救出来。

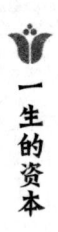

障碍之五——意志不坚

人在情绪陷入低潮的时候,对某个问题的决断往往会走入歧途。所以,这个时候要避免处理重要问题,更不要决断关系到自己一生的大事。

当一个人精神遭到了创伤、情绪低落、需要抚慰的时候,他是不宜考虑任何问题的。有一个很好的例子,当女孩子们内心极度悲伤时,她们竟会决定下嫁给一个自己根本不爱的男人。

还有一些人居然想自杀,其实他们清楚一定可以从这痛苦中脱身。但当他们的心灵与身体受着极大的煎熬时,便会失去理智,作出不正确的决断。

有些男人在事业暂时受挫的情况下,没有坚持,轻易地宣告破产了事,其实只要他们继续努力,是可以成功的。

虽然在绝望和沮丧之时,坚持做一个理智、乐观的人很难,但这样才能尽显成功者的本色。

当一个人事业不顺,所有人都认为这件事成功的几率很小,没必要再坚持下去的时候,这个人却没有动摇,他坚持不懈,依然努力工作,这充分显示出了他的毅力。

有一些年轻的作家、艺术家和商人,他们在事业上稍有挫折,便立刻放弃,转行做一份根本不适合自己的工作。结果后来对新的职业也失去了兴趣,打算放弃,又担心重蹈覆辙,被别人嘲笑,只能得过且过。

当遇到挫折时,懦夫会说:"做这件事,既看不到成效,也没什么用处,还是回家去享清福吧!因为工作牺牲如此多,太不值得了!"

有的年轻人受到这种观念的蛊惑,意志开始动摇,稍有挫折便开始恋家。有许多学医的年轻人,因为觉得解剖学与化学很辛苦,又讨厌实验室里的环境,便辍学回家,抹去了自己白衣天使的梦想。一些年轻人去学法律,读到艰深、复杂的部分,便丧失了信心,辍学回家。有一些年轻人出国去学习音乐和艺术,也经受不了挫折和思乡的痛苦,以致辍学回国,回家之后,又为自己意志不坚后悔不迭。

那些放弃了自己工作的人返回家中,又回到了自己以往要努力挣脱的环境当中。他们不知道,只要再坚持一下,就会赢得光明,就会获得成功。这些人因为缺乏勇气,困难面前绕道走,注定了要失败。

一个人想要成功,必须要做到:别人放弃时,自己要坚持;别人后退时,自己应该向前;即使困难重重,自己还是要努力。

"少壮不努力,老大徒伤悲。"生活中有许多人到了老年才发现自己壮志未酬,这才开始悔恨自己年轻时的意志不坚。他们常说:"如果当初遇到挫折时,能坚持下去,恐怕现在也不至于一事无成了。"

无论前途怎样暗淡,心情怎样低落,当你对重大事情进行决断时,一定要保持乐观开朗的情绪。尤其是决定关系到自己一生前途的问题时,更要在身心最快乐、思路最清晰时再决断。

当一个人大脑里一片混乱时,最容易作出糊涂的判断、糟糕的计划。当一个人在恐惧和失望时,是不会有独到见解和正确判断的。心情糟糕的时候，分析能力受其影响，这时切记不要作决断。因为，正确判断的基础是健全的思想，健全思想的基础是头脑清醒、心情愉悦。要计划、决断什么事情，一定要选择头脑清醒、心神镇静之时。

障碍之六——缺乏决断力

现在，那些有巨大创造力的人、有非凡经营能力的人，在社会上最受欢迎。唯有那些有主张、有独创性、肯研究问题、善于经营管理的人，维系着人类的希望，也正是这种人，充当了人类的开路先锋，促进了人类的进步。

有些人只知道按部就班地听从别人的吩咐，去做一些已经安排妥当的事情。这也是年轻人最容易染上的坏习惯。有时事情明明已经详细计划好，考虑周全了，已经确定了，但有些人仍然前怕狼后怕虎，不敢行动，左右思量，不能决断。最后，脑子里的念头越积越多，对自己也越来越没有信心。最终精力耗散，陷入完败的境地。与之相反，有决断力的人，他的发展机会要比那些犹豫不决的人多得多。所以，尽快抛弃那种迟疑不决、左右思量的不良习惯吧！这种习惯会使你丧失决断力，会白白消耗你的精力。

渴望成功的青年，一定不可染上优柔寡断、迟疑不决的坏习惯，要培养一种坚决的意志。我们在工作中处理事情时，应该首先仔细地分析思考，对事情本身和环境作一个正确的判断，然后再作出决定；而一旦决定作出了，就不能再有任何疑虑，也不要向别人指手画脚，只要集中注意力，全力以赴就可以了。在工作之前，必须要确定自己主意已定，即使遇到任何困难与阻力，即使出现一些错误，也不应该有怀疑的念头，更

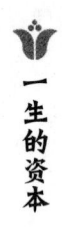

不应该半途而废。每个人在做事的过程中都难免会出错，但不能因此灰心丧气，应该把困难当教训，把挫折当经验，要坚信以后会顺利些，这样成功的希望就会大增。在作出决定后，还心存疑虑、要反复思量的人，无异于让自己陷入沼泽中，最终离成功越来越远。

缺乏判断力的人往往将精力消耗在犹豫和迟疑中，他们通常很难决定开始做一件事，即使决定开始做了，也不能善始善终。他们一生的大部分精力和时间都在徘徊，这种人即便拥有其他一切获得成功的条件，也永不会真正获得成功。

成功者须当机立断，把握良机。他们首先将事情考虑清楚，并制订周密计划，此后就不再犹豫、不再怀疑，而是勇敢果断地立刻去做。因此，他们做任何事情往往都能驾轻就熟、水到渠成。

有些人最终无法成功，并不是缺乏干一番事业的能力，而是因为他们的决断力太差了。他们好像没有自主自立的能力，非得依赖他人。即使遇到一点微不足道的事情，也要四处奔走去询问别人的意见，而自己的脑子里却一片空白，尽管时刻牵挂却无定见。于是，越和人商量，越拿不定主意，最后不了了之。

在造船厂里有种非常强大的机器，它能轻易地把一切废铜烂铁压成坚固的钢板。善于做事的人便如同这部机器一般，他们具有出众的能力，做事异常敏捷，只要他们决心去做，任何复杂的难题到了他们手里都会轻松解决。

目标明确、成竹在胸的人在决策之前，会仔细考察，然后制订计划，采取行动；这就像战斗前的将军必须首先仔细研究地形、战略，而后才能拟定作战方案，然后再发动进攻。他绝不会把自己的计划拿来与人反复商议，除非他遇到了在见识、能力等各方面都明显高过自己的人。

头脑清晰、判断力很强的人，他们不会老是犹豫不决，做事时他们极有主见，绝不会糊里糊涂，投机取巧，更不会稍有挫折便撤退，使自己的事业前功尽弃。在他们心里，只要作出决定就一定全力以赴。

英国的基钦纳将军是一个很好的例子。他是一位沉默寡言、态度严肃的军人，威猛如狮，曾立下赫赫战功。他一旦制订好计划，确定了作战方案，就绝不会动摇。在著名的南非之战中，基钦纳将军率领他的驻军出发时，除了他和他的参谋长外，谁也不知道部队开赴的目的地。他只下令，要预备一辆火车、一队卫士及一批士兵。此外，基钦纳不动声色，甚至没有通知沿线各地。战争开始后，有一天早晨六点钟，将军突然现身在卡波城的一家旅馆里，他翻看这家旅馆的旅客名单，发现了几个本该在值夜班的军官的名字。他走进那些违反军纪的军官的房间，一言不发地递给他们一张纸条，上面是他的命令："今天上午十点，专车赴前线；下午四点，乘船返回伦敦。"军官们再怎么解释都没用。基钦纳将军用一张小纸条就严肃了军纪。

基钦纳将军无论碰到什么事，都能冷静面对，向来都是胸有成竹。他拥有无比坚定的意志，做任何事情都容易成功。

这位驰骋沙场的百胜将军是渴望成功的最好典范！

他做事专心致志，富有创见，经验丰富，又有很强的判断力。他为人机警，反应敏捷，遇到机会就能牢牢抓住，充分利用。他待人诚恳亲切，非常自信。

障碍之七——心有旁骛

歌德说:"你最适合站在哪里,你就应该站在哪里。"这是对那些心有旁骛者的最好忠告。

"时光如流水,一去不复返",每个人都应该珍惜时间。刚刚步入社会开始工作的青年,一定是浑身充满干劲。你应该把这干劲全部用于正途,无论你从事什么职业,都要努力经营、勤奋工作。如果能一直坚持,总有一天,这种习惯必然会给你带来巨大的回报。

有一次,一位青年朋友写信给我说,他想去研究法律;但是在此之前,他打算先做另外一件事。正是因为抱有这种不好的想法和习惯,太多的年轻人耽误了他们的前程!很多人每天都在干与他们兴趣不合的工作,他们怨天尤人,等待机会给自己一件称心如意的工作。但明日复明日,明日何其多。当所有弥足珍贵的青春岁月都稀里糊涂浪费掉后,再想重新学习掌握一些新的技能,为时已晚了。精神上的慢性自杀指的就是这种一再拖延、得过且过的惰性。青年常常把事业看得过分简单,不肯全力以赴,他们通常不太留意促成事业获得成功的因素。他们不知道,积累经验好比是滚雪球,随着时间的推移,这个雪球越滚越大。所以,任何人都应该把全部精力集中在某一项事业上,时刻努力。你在上面所花费的心血越多,获得的经验也就越多,做起事来也就越得心应手。

一生的资本

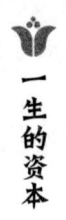

　　世界上最大的浪费是对宝贵精力的浪费。无论是谁，如果不趁年富力强时去养成善于集中精力的好习惯，那么他以后一定不会有什么大成就。人的时间有限、能力有限、资源有限，想要成为全才是很难的，不如脚踏实地成为一名专才。

　　如果一步入社会就善于利用自己的精力，不让它消耗在一些毫无意义的事情上，对大部分人来说成功就很有希望。东一榔头西一耙的人，注定碌碌无为，到头来一事无成。

　　在这方面，蚂蚁是我们最好的榜样。它们齐心协力地抬运食物，或推或拖，一路上不管遇到什么困难，要翻多少跟头，都绝不放弃，竭尽全力把食物搬回蚁巢。这就告诉我们：想要有所收获，就要永不放弃。

　　聪明人懂得把全部的精力集中于一件事上，惟有如此才能达到目标。聪明人在生存竞争中赖以获胜的法则，就是依靠不屈不挠的意志、百折不回的决心以及持之以恒的忍耐力。

　　园丁经常把树木上许多能开花结果的枝条剪去，一般人看到都会觉得可惜。但是，富有经验的园丁们知道，为了使树木茁壮成长，让以后的果实结得更饱满，就必须忍痛将这些旁枝剪去，否则，将来肯定要减产许多。

　　有经验的花匠也常常把许多快要绽开的花蕾剪去。你会觉得奇怪，为什么呢？这些花蕾不是同样可以开出美丽的花朵吗？只有花匠们知道，他们要让所有的养分都集中在其余的少数花蕾上。等到这少数花蕾绽放时，才会形成争奇斗艳的场面。

　　做事业也像园丁培植花木一样，年轻人通常会把精力分散在许多毫无意义的事情上，其实不如看准一项适合自己的事业，集中所有精力，埋头苦干，全力以赴，肯定可以取得成就。

如果你想在一个方面取得伟大的成就，那么就要大胆地、勇敢地举起剪刀，把所有平凡无奇的、毫无把握的愿望全都"剪去"。在一件重要的事情面前，即便是那些已有眉目的事情，也必须忍痛割爱。如果你想成为一个众人叹服的人物，就一定要清除大脑中那些杂乱如旁枝的念头。

世界上无数人之所以没有成功，主要原因不是他们才干不够，而是因为他们精力不集中，不能全力以赴地去做适合的工作。他们在无谓的事情上虚掷自己的精力，而自己竟然从未觉悟。如果抛开那些无谓的事情，使生命力中所有的养料都集中到事业上，他们的事业就能够结出美丽丰硕的果实！

有专门技能的人随时随地都在这方面下苦功、求进步，随时随地都在设法弥补自己的缺点和不足，他们总是想把事情做得尽量完美。拥有一项专门的技能，要比拥有十种心思更有价值。什么都想抓在手里的人，要顾及这一点又要顾及那一个，由于精力和心思过分分散，事事只能做到"尚可"，结果自然都没着落。

现代社会竞争日趋激烈，所以，我们必须专心一致，对自己的工作全力以赴，这样才能成功。

第三章

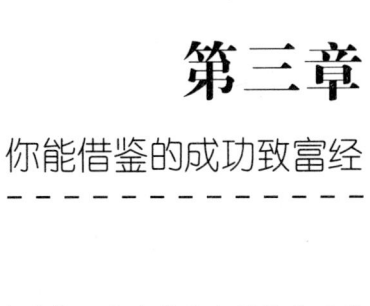

你能借鉴的成功致富经

摆脱贫穷的惟一方法就是在逆境中艰苦奋斗、努力拼搏,奋力从艰难的境遇中挣脱出来。

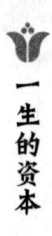

将贫穷视为动力

艰难的环境容易造就最杰出的人才,而优越的环境常常会令人不思进取。所以当有人问一位伟大的艺术家,那位跟他学画的青年能否成为一位伟大的艺术家时,他便坚定地回答:"绝不可能!因为他每年有6000英镑的丰厚收入!"这位艺术家深知逆境出人才的道理。

摆脱贫穷的惟一方法就是在逆境中艰苦奋斗、努力拼搏,奋力从艰难的境遇中挣脱出来。如果人类在出生时就衣食无忧,不必为生存而奋斗,那么直到今天,人类可能还处于原始状态,人类的文明也可能还处于幼稚的童年时代。

安德鲁·卡耐基曾经谨慎地说:"不要羡慕那些富家子弟的优越生活,实际上,他们已经做了财富的奴隶,他们贪图享受,处于堕落的泥潭而不能自拔。"温室里培育出的花朵,无法与寒风中争艳的红梅相提并论。同样,优越环境中成长起来的孩子绝不能与那些出身贫苦的孩子相比。虽然贫苦孩子上不起学,即使上了学,也多半是毕业于普通学校,过着平凡的生活,但是一旦他们具备了成功的条件,必将做出惊人的事业。

美国历史上那些发明家、科学家、商人、政治家、企业家、哲学家、外交家,大部分都是苦出身,他们顶着巨大的生存压力,凭借自己的努力,顽强奋斗,最终获得了事业上的成功。

很多外国移民刚到美国时并不懂英文,也没接受过什么教育,他们生活无助、就业无门,却通过自己的努力奋斗成就了伟大的事业,创造了财富,建立了自己的家园,得到了自己梦寐以求的荣誉。这些成就足以让那些出身优越的美国青年自愧不如!因为他们总是盼望着成功从天而降,不知不觉地虚度青春时光,浪费精力,碌碌无为。

好逸恶劳、贪图享受的人注定会成为生活的失败者。"没有经历困苦的人,生命中总有一种缺憾。"这是一位成功人士的亲身体验。伟大的人物都是从苦难中走出来的。

艰苦环境中造就出来的成功人才正如森林中的橡树,在经历了狂风暴雨之后长得高大挺拔。成长在温室的花朵,禁不起风吹日晒。一个总是在别人呵护下生活的人不会有为自己的前途而奋斗的念头,当然也就不会成就伟大的事业了。养尊处优的年轻人只知虚度自己的青春年华,无意在人生的旅途有所作为,他的人生价值将难以实现。

贫穷就是健身房里的运动器械,它可以使你的人格更加强健,因此,贫穷是积极向上的动力。安德鲁·卡耐基说:"出生于贫困的家庭就是一个年轻人最大的财富。"贫穷原是束缚人生的东西,但奋力去摆脱贫穷,会使你拥有更多的快乐。

格鲁夫·克利夫兰曾经两度出任美国总统,但有谁想到他曾经只是个年薪50英镑的穷苦店员呢?后来,他常常回忆这段经历,并深有感触地说:"贫困能够激发人的潜能,并让人积蓄力量为之奋斗终身。"

家境优越的青年不需要拼命奋斗便已拥有一切,很少有为事业而奋斗终身的思想。事实上,人们努力工作固然是为满足自己的生存需要,但更重要的是为了在奋斗中实现自己的人生价值,

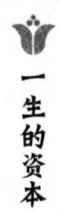

推动人类文明的车轮向前滚动。

曾经有一项针对年轻人的调查：你是如何看待努力工作的？一位家境贫寒的青年说："我生活无着，只有努力工作才能够吃饱穿暖。除了努力工作，我没有第二条路可走，自己的前途只能靠自己去努力创造。"一位生活优越的青年回答："每日早出晚归，努力工作，有什么意思？我已有足够享用一生的财富，干吗要这样辛苦呢？"

上帝总是对那些努力奋斗的青年眷爱有加，他们不但会获得丰厚的资产和优越的地位，还会拥有上帝赐予他们的高尚品格。而那些生活优渥的青年习惯于游手好闲，只能过着平庸的生活。

在经验这所大学里人人平等，谁都可以接受严格的训练，得以掌握其工作的技能。上帝是公正的，它给人的机会是均等的。那些珍惜机会、在困顿中奋发图强的青年绝不会永远穷困下去，因为上帝一定会以巨大的成功去回报他的努力。

苦难是最好的学校

有两个强盗看到一座绞架,一个说:"假如没有这该死的绞架,我们的职业是最美好的。"另一个听后骂道:"笨蛋,假如没有这个绞架,你就只能喝西北风了。人人都来当强盗,还有我们的饭吃吗?"

其实,庸碌胆小的竞争者无论干什么职业总会被吓退。斯潘琴说:"经历过苦难的磨炼,人的生命才变得伟大。"人的杰出才能是在艰难困苦中磨炼锻造出来的。

若没有经历过苦难的磨炼,许多人就无法激发出他们体内潜伏的力量,才能也得不到淋漓尽致的发挥。只有努力奋斗,才能挖掘内在潜力,获得成功,得到想要的东西。

经过暴风雨摧残了千百次的树木,反而越长越挺拔。苦难与挫折是我们最好的学校,当苦难与挫折出现时,我们内心的力量就会得到锻炼。人们在承受各种痛苦、折磨的同时,自身也能获得锻炼与提高。

在克里米亚的一次战争中,炮弹炸毁了一座美丽的花园,可是在那个弹坑里却涌出一股清泉,后来竟成了一处景观。新的希望往往会诞生在不幸与苦难之后。人往往在失去一切、穷途末路时,才发觉到自己的力量。困难与挫折就像凿子和锤子,把生命雕琢得愈加美丽动人。历经苦难反而能让人看清楚自己的能力,挖掘出更大的潜能。一位著名的科学家说过,只有在难以克服的

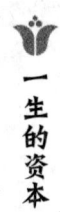

困难面前，才会有新的发现。

失败所激发的潜力，能引导人走上成功的道路。有勇气的人，会把逆境当做顺境，就像河蚌能把泥沙孕育成珍珠一样。

老鹰训练刚能起飞的雏鹰，就是把它们逐出巢外。经过这种锻炼，雏鹰才能勇猛敏捷地追逐猎物，成为百鸟之王。一帆风顺的人，往往不会有大出息；一个在幼年遭遇挫折的人，长大后反而会大有发展。钻石愈坚，光彩愈夺目，而要将其光彩充分显示出来，还需要外力的琢磨。能琢磨人的便是贫穷和苦难，它能激励人奋进，也能使人愈发坚定。

失去外界的刺激，人体内的力量就永远得不到激发，正如火石不摩擦不会发出火光一样。

塞万提斯在监狱里用小块皮革写就了伟大巨著《堂吉诃德》。当时他穷得连稿纸都买不起，有人劝一位富翁去资助他，富翁说："上帝不让我去救济他，因为他的贫穷会使这世界富有。"

《鲁宾孙漂流记》、《圣游记》、《世界历史》……这些著作都是在困难中完成的。逆境能唤起高贵人士心中休眠的火山。

但丁被判死刑，在被放逐的20年中，仍在不知疲惫地工作；约瑟被关在地坑和暗牢里受尽折磨，后来终于做了埃及宰相；马丁·路德是被监禁在华脱堡时把《圣经》译成德文的。

受尽异族压迫的犹太人贡献给了世界上最美的诗歌、最智慧的箴言、最悦耳的音乐,现在,有些犹太家族掌握了富可敌国的财富。正是不断的压迫使他们繁荣。正好比因为隆冬的严寒杀尽了害虫,植物才能更好地生长一样,他们把困苦视为快乐的种子。

席勒身患疾病却写出了最美的篇章;在两耳失聪、极度贫困的艰难情况下,音乐家贝多芬创作出伟大的乐章;弥尔顿双目失明,写出了不朽的《失乐园》。所以,为了更大的成就与幸福,班扬说:"如果可能,我愿苦难降临我身。"

一个真正勇敢的人,面对生活毫不胆怯,昂首阔步,意志坚定,敢于向任何困难挑战;他们即使身处逆境,也是奋勇向前。他们藐视厄运,嘲笑挫折。贫穷不能压垮他们,反而增强了他们的意志、品格、力量与决心,使他们成为最有才华的人。

这些人能够扼住命运的咽喉。

自信心最可贵

自信心比资金和亲戚朋友的帮助都重要，它对一个人的成功起着关键的作用。它是人们克服困难、成就事业的原动力。

有的人一旦发现自己缺乏某一方面的才能，就自甘认命，认为再努力也无济于事。这是很多人都有的一种缺点。但另有一种人与最普通的人一样，他们也知道自己没有什么特殊的才能，但他们最后却成功了。这是因为他们的自信要高人一筹，并且以此为动力努力拼搏，最终获得成功。若不尝试一下，一个人到底拥有多少潜能，是永远也不可能知道的。

大自然赋予每个人独立生活的能力，可是在现实生活中，只有少数人能够真正实现自强自立的生活。这是因为让他人去思考、策划、工作，自己只是一味依赖他人，要比亲自行动容易得多，也轻松得多。一个人只要养成了这样的坏习惯，一定会丧失奋发向上的动力。

有些人会给子女留下巨额的财富，想让子女的奋斗变得更加容易。他们不知道，他们留给孩子的不是幸福，而是祸患。青年应该有自立自助的能力，可叹的是，很多年轻人都养成了依赖的坏习惯。很多父母自认为已经为孩子的人生铺平了道路，其实留给他们的是危机。他们不愿离开父母的帮助，不愿去独立生活。但我们应该明白：能够充分发挥我们精力和体力的，不是外援，而是自助；不是依赖，而是自立。

人们只有扔掉依赖思想，自信自主地去做事，才能走向成功。自立自助是打开成功之门的钥匙，是获得成功的基础。

那些努力奋斗的人，往往是在困境中取得成功的。

当你开始自立自助时，也就意味着你已经走上了成功的坦途。发展自己潜力的最重要因素就是放弃依赖思想，自强自立。

在暴风雨来临、波涛汹涌、船将颠覆的关键时刻，才能显示出舵手的本色。驾船航行的舵手是否拥有经验，是否拥有非凡的素质，在风平浪静时是看不出来的。

别人对你的资助，可能会使你感觉无比幸福，但更多的时候，你的感受可能恰好相反。事实上，真正的朋友，是那些鼓励你自立自助的人。向你提供金钱援助的人，并不能算是你最好的朋友。

人们自立自助地在自己的职位上工作时，才会感到由衷的幸福。身体健全、依赖他人的人，一定会感觉自己失去了什么。

缺乏自信，胆小怕事，不敢以自己的意志行事，这导致很多人一事无成。这种缺乏自立自助的人，是永远成不了大事的。人生的最大耻辱，就是不擅表达自己的意愿，不敢表现自身的能力。增强自信心，勇敢地按着预定的目标努力奋斗，一定能取得好成绩。

一生的资本

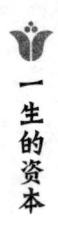

善待挫折

  人类的几种本性非常神秘，通常埋藏在最深层，除非遭到巨大的打击和刺激，否则永远不会显露出来，也永远不会爆发。但是每当人们受到讥讽、凌辱、欺侮，便会产生一种新的力量，做从前所不能做的事。

  拿破仑在谈到他的一员大将马塞纳时说，马塞纳平时不露声色，但是当他在战场上见到遍地的伤兵和尸体时，他内在的"狮性"就会突然爆发，打起仗来就会像恶魔一般勇敢。

  如果拿破仑在年轻时没有遇到那些窘迫、绝望，那么他绝不会如此多谋、镇定、刚勇。艰难的处境、失望的境地和贫穷的状况，在历史上曾经造就了无数伟人。巨大的危机和事变，往往让伟人脱颖而出。

  一位成功的商人对我说，他一生中所获得的每一次成功，都是与挫折苦斗的结果。他觉得，克服种种挫折，从奋斗中获取成功，才能够给人以巨大的满足感。所以，他现在对那些轻而易举得来的成功，反倒觉得不那么高兴。这位商人不喜欢做容易的、不费力的事情，因为这不能给予他振奋精神、发挥才干的机会。他喜欢挑战困难，因为困难的事情可以考验他的才能。

  有一位年轻人，他的家境非常贫寒。在四年大学期间，他常被那些家境富裕的同学讥笑，他们肆意地取笑他褴褛的衣衫，毫不留情地讥笑他的穷相。受着同学们这样的讥笑，他不为讥讽所屈服，而是立志要做一个伟人。后来，这个青年埋头拼搏，果然取得惊人的成就。他在学校所受的种种讥笑，反而成了对他雄心的最好激励。

处于绝望境地的奋斗，最能开启人潜伏着的内在力量；这种奋斗能帮助人爆发出真正的潜力，使人拥有无穷力量。如果林肯在一个庄园里长大，进过大学，他也许永远不会成为美国总统，也永远成不了历史上的伟人。不断地与逆境苦斗，成就了林肯。安逸舒适的生活容易让人懈怠，因为未来不需要个人的多少努力，不需要自己的奋斗。

当巨大的压力、非常的变故和重大责任都压在一个人身上时，潜伏在他生命最深处的种种能力，会突然涌现出来，从而做出种种伟业。

今天，有许多成功人士都把自己所取得的成就归功于挫折与缺陷。如果没有那些挫折与缺陷的刺激，他们也许只能发挥出25%的才能，但遭遇到了困难的锻炼与磨砺，他们便会把其余75%的才能也开发出来了。

历史上有无数这样的例子：一些相貌极其平凡、甚至长相丑陋的女子，往往能在学业和事业上做出意想不到的成绩来，这可看做是对她们外貌的一种弥补。为了要补救身体上的缺陷，许多人因此养成了可贵的品格，成就了一番了不起的事业。

据说有一个英国人，天生残疾，一出生就没有手和

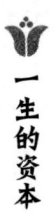

脚，却能如常人一般生活。有一个人因好奇心的驱使，特地去拜访他，想看他是怎样行动，怎样吃东西的。令客人备感惊异的是，那个英国人谈吐动人，思想睿智，竟让人完全忘掉了他是个残疾人。

许多人可能做梦都没有想到，在自己身体里面蕴藏有巨大的能量，他们甚至到死也没发现。

因为特殊的挫折与困难的刺激，并不是人人都能经历的，所以世界上真正能发现"自己"、把自己全部的能量发挥出来的人很罕见。

加强自我修养

　　态度非常重要，世界上有很多人才能一般，却凭借他们良好的态度，使事事顺利，并且成就了自己的事业。著名金融家乔治·皮博笛先生曾经在一家商店做小职员。有一次，一位老妇人来买东西，但是皮博笛先生供职的店里没有她想买的东西。皮博笛先生很和善地向老妇人道歉，然后，他又特地领着那位老妇人到别的店去，帮她买到她需要的东西。那位老妇人为此一生感激皮博笛先生，临死之前，老妇人还在遗嘱中列出一条：对皮博笛先生这种以礼待人的人要给予相当的报答。

　　诚实与自信当然是一个向往成功的青年应该具备的重要素质，但是要获得成功，还需要良好的态度。良好的态度是一种必不可少的资本。第一印象的重要性不言而喻，良好的态度能为你赢得良好的第一印象。一个粗俗不堪或态度恶劣的人，不可能给人留下好印象，只会令人反感，结果是无法赢得他人的信任与合作，处处碰壁。而一个长相普通，哪怕身有残疾的人，只要他态度良好、和善可亲，仍然会比那些眉清目秀、身强力壮但态度粗鲁的人更易受到人们的欢迎。

　　我的一位朋友年轻时非常穷困，好不容易才勉强凑齐了一小笔钱，在农村开了一家小杂货店。商店开张后，他和蔼亲切、彬彬有礼，为所有的顾客提供用心服

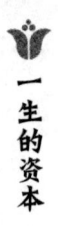

务。他热心地去做一切可以为顾客带来便利的事情,并且表示出对他们事务的关心和兴趣。后来他声名鹊起,连离他商店较远的人们也来买东西。由于这一原因,他的经营规模也随之迅速扩大,如今他已在附近地区设立了多家连锁店。

我也见过几家生意本来不错的商店,就因为辞退了一些态度可亲、令人愉悦的店员,而使生意一落千丈。

有些经营规模很大的商店,因为他们的老板选用了许多态度可亲、令人愉悦的店员,所以商店的声誉不断上升,门庭若市。法国巴黎有家著名的藩马齐公司,因为店员的态度好而生意兴隆。纽约也有两家类似的百货公司,都是以店员服务态度的良好而闻名。

许多人因为缺乏良好的教养,在待人接物上自大、蛮横、粗鲁,非常无礼。这种人如果不改正自己的缺点,做什么事都不会顺利,更谈不上有什么大的成就了。

如果一个人从小就受到关于"做人态度"的教育,那么长大成人后自然就会拥有良好的态度。优秀的品格和良好的态度就像助推剂,在通往成功的路上将成为一个人的最大资本。这样的人将来就容易成功。那些家财万贯却不得人心、脾气古怪的人与一个态度和善可亲、学识渊博的人相比,高下立判。如果把你的社会关系比作一部庞大精密的机器,良好的态度就是润滑油,当缺少润滑油时,机器一定会发出嘈杂的噪音,令人避之惟恐不及。

如果社会上每个人都受过良好的待人接物的教育,待人礼貌、周到，置身于这样的社会，不知道会有多快乐。那样的话，无论走到哪里、遇见谁，我们都会感到这个社会充满了愉悦、和谐的氛围。

第三章 你能借鉴的成功致富经

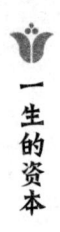

赢得财富的基础

你的资本在哪里？它就在你自己身上。

要做成一番事业，首先必须有一笔资本。盖房屋必先画图纸，修路不能把筑路的材料随地乱铺，雕刻绝不是在石头上随便乱刻。同样的道理，做任何事情都得先做好计划与准备，成就事业不可能一蹴而就，也不可能不劳而获，这样的事情从未有过。

自古以来就鲜有这样的例子：年轻时没有将基础打好的人，竟成就了大的事业。那些获得成功的杰出人物，大都在年轻时就播下了成功的种子，然后才收获一生的美满果实。

青年千万不要有急功近利的心态。其实，我们对任何事都不应该急于求成，机会只出现在有准备的人眼前。你应该先在自己的大脑中逐渐储备学问与经验，积累将来成功的资本。要知道，今天社会上需要的是受过良好教育、品质可靠又有技能的人。老实说，如果我现在是一个刚跨入社会的年轻人，对于那些自己毫无经验、又没有什么把握的工作，还真的不敢接受。汉密尔顿说过："这个时代需要的是训练有素的人。"的确，过去美国需要大量的工作人员，任何人不管受教育程度怎样，只要品行尚可，做事有条理，随时都可以获得一份工作，但现在的情况已大为不同。

也许你因家境贫寒不能到专门学校或高等学院去学习，但是你总可以抽出一些时间用于学习。如果你每天都能挤出一个小时来专攻一门学科，这样的做法与习惯，要比信手闲翻无用的书好得多。凡事贵在坚持，只要你一直坚持，长此以往，最后积累的知识必定非常可观。

无论在哪里，如果你看到一个青年很注重让自己的生活变得充实，努力提高自己的学识，也从不浪费自己的空闲时间；不仅如此，他还经常关注与他事业相关的信息，做起事情来非常敏捷，善始善终，总保持乐观积极的心态，那么可以断定他的前途一定很光明。

但也不乏这样的例子：一些体格健康、受过良好教育，也有处理事务经验的年轻人，他们过着平庸的生活，甚至在事业和生活上一无是处。按理说他们拥有良好的基础，完全可以做出一番事业来，但是因为他们年轻时不肯努力求知，而到了必须处理各种困难时，无力应付，悔之晚矣！

我时常收到一些中年人的来信，他们在信中为自己年轻时错过了求学的机会而后悔。有的说，尽管如今积累了很多财富，但因知识贫乏，无法取得更大的突破；还有的说，由于学识上的不足，错失了一些很好的工作机会。一些有经验、有资本和有天赋的人，就是因为缺乏学问上的训练，无法胜任他们所渴望的工作，无法完成他们所向往的事业，这是多么可悲啊！

最可怜的是那些年轻时不学无术、上了年纪后求学无门的人，他们也没有更好的经济条件，甚至连普通人的生活水平都达不到，既谈不上有什么志趣，又缺乏自信，这样的人生毫无意义！

"书到用时方恨少。"我们必须懂得平时努力积累的经验和知识，在危急关头往往给我们最有力的支持。比如一个商人，在

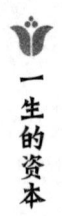

平时他可能和别的普通商人一样，但要想成为一个出色的商人，就不能安于现状，因此，他必须要做好更充分的准备，学习更高的本领，以便拓展业务，或者应付经济萧条。又如，一个建筑师平常工作时只需用到他的一部分知识，就足以把手头的工作完成，但遇到紧急而重要的突发情况，就要用到他所有的技能、学识与经验。在那种情况下，他过去所积累的全部"资本"才会显露真相。同样的道理，刚跨入社会的青年要在知识与才能上做好充分的准备，可能在事业初创时一点儿学识便足以应付，但等到事业有所发展，即使将所有的学识都拿出来用，有时还力不从心。

一个人获得成功的最重要资本，就是长年累月积累的学识与经验。为积累这些资本，你必须集中精力、毫不懈怠。这些力量一旦储蓄起来，就是完全属于你的无价之宝。所以，每个人都要趁着年轻，珍惜时间，刻苦努力，将来的"收获"一定是无穷的。

储备于你体内力量的多少，可以从你的性格和工作效能上看出来，还可以从你周围的人对你的评价中看出来。但是，积累了这些力量，你就一定能够成功吗？

迈克尔·安杰罗先生去看望他的一个画家朋友勒菲尔，当时勒菲尔外出不在，安杰罗先生为了表示对朋友工作的钦佩与鼓励，就拿起笔在画布上写下了"了不起"三个大字。勒菲尔回家后看到这几个字，兴奋不已，并且在心里暗自鼓劲。

希望你也把"了不起"这三个字牢记在心，最好把它写出来贴在你的办公室或卧室里，经常默诵。通过这种自我激励而起的内心感应，必将对你产生巨大的影响。

你获得成功的最大障碍，就是在业务上没有进展。当你刚离开学校时，也许心中抱着很大的希望，打算勤学苦读，以求得学识上的进步；或者，要全力以赴成就一番事业；或组织一个温馨舒适的小家庭；或准备拥有一种令人愉悦的社交生活。但是等到你真正踏入社会、开始工作时，外界的种种诱惑就开始向你袭来，面对诱惑你再也无法安于学习，也无法安于目前的工作，诱惑甚至使你沉沦、堕落。当你对职业和工作失去了兴趣，那么你的一生就到此结束了，人生原有的一切快乐、幸福、舒适都会离你而去。除非你能幡然悔悟，改过自新，否则，虽然年岁渐长，但你的才能日益减少，甚至消失，那么以后的岁月只能在失败、惨淡中度过。

立即行动起来吧！不管你现在的境况如何，现在就要下定决心。你千万要记住三个字："要上进！"不要把一天、一个小时甚至一刻钟随意虚掷在没有意义的事上，要在知识、经验、思想上每时每刻都有所进步。一个有真才实学的人，就无须担心时运不济、阻力重重。如果你确实在积累知识、经验，那么即使你遭遇了经济上的危机、工作上的挫折，你也必定还有力量，必定还能重新振作。即使没有巨额财富，别人仍然会重视你、尊敬你，因为你拥有别人难以企及的巨大的无形财富。

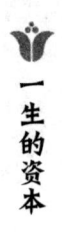

诞生于茅屋中的伟人

"美国的许多伟人都诞生在简陋的小茅屋中。"一位著名的英国作家在游历美国时这样感慨。我们可以举出几个例子来看看,比如林肯、格兰特、加菲尔德、格里利、惠蒂埃、克莱门斯、沃纳梅克、洛克菲勒、克鲁斯·菲尔德、比彻、爱迪生和威斯汀豪斯,这些人出生在穷苦的农村,但他们在艰苦的环境里奠定了智慧、品格、体力的基础,后来都成了名人或领袖。

据说,著名律师韦伯斯特在美国西部旅行时遇到一个当地人,就与那人交谈起来。那个当地人不断地夸耀说,自己地里的农产是如何丰富,最后他问了一句:"新英格兰的农产也如此丰富吗?新英格兰盛产什么?"韦伯斯特冷冷地回答道:"我们出产'人'!"

美国历届总统大都出生于农村,老罗斯福总统虽来自繁华都市,但他在各方面都有着过人的天赋,算是一个例外。

温盖特说:"在农村长大的人在许多方面都要比在都市中长大的人出色!这是个奇怪的现象:偌大一个纽约市竟出不了几个名人!如今居住在纽约的名人当中,有90%以上是从农村来的。不只纽约如此,像伦敦、巴黎、柏林这样的大城市,也莫不如此。"

针对这个问题，一位作家曾经做过一次很有意思的统计，他搜集了40位著名成功人士的资料。他发现，在这40人中，生于都市的只有8人，生于农村的有22位，生于小市镇的有10人。在农村出生的22个人中，绝大部分童年时间都是在农村度过，另有3位是从小被带进小市镇里，只有1位从小被带进大都市里。但很有意思的一点是，平均来看，这40位成功者大约从16岁起就开始到城市里谋生了。

正是那些身体强健、忠厚诚实、富有魄力的乡村居民不断地迁入都市，才创造了城市的繁荣，没有他们繁华或许早已不复存在。大自然从农村为都市供应能干的人们，就像餐厅供给我们一日三餐。

与城市的孩子相比，农村的孩子要幸福得多。乡间充满了纯净新鲜的空气，人们就生活在这永远吸收不尽的新鲜空气中。农村的孩子们有着结实的胸膛、有力的肌肉；耕种和拔草让他们锻炼了身体，那广袤的田野就是他们的体育场；通过制造农具和玩具，或者是修理废旧的机件，他们使自己的双手和头脑得到了锻炼。虽没有完备的工具，也没有经过正式的训练，但凭着经验，他们也能成为一名修理机件的能手。

农村对于生于此地的孩子们的好处一言难尽。对于这里的孩子们来说，农村的生活环境仿佛是一个巨大而神奇的化学实验室，展现着大自然的各种奇妙景象：土地上长满美丽芬芳的花草，田地里盛产着人畜必需的粮食，山岭间不断地给人们供应木料。孩子们看着美丽的花朵怎样开放，丰硕的果实如何结成，植物的幼苗怎么成长，鸟兽虫鱼怎样活动，以及人们怎样去利用、开发大自然这一宝库。

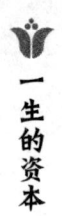

农村生活不但赋予孩子们强壮的体格、勤劳的双手和敏捷的头脑,而且使他们能够与大自然的景象融洽,使他们养成了淳朴的人格,而这些优良的品质正是都市儿童所缺乏的。在农村,孩子们的学校是一望无际美丽的田野,是白云和巍峨的高山,是起伏的峻岭,这些养育了他们高尚的人格。那四季景象的变迁,仿佛在告诉他们做人的意义和生命的伟大。那迂回幽静的溪流,仿佛在教导他们公正、安宁与和平。在农村,孩子们在日常生活中所接触到的花鸟虫鱼、鸡犬牛羊,都可能开启他们的智慧。正是母牛舐犊给他们上了关于"母爱"的最伟大一课。

在农村的孩子们看来,他们需要自己去实验、去发掘他们周围的一切,在这个过程中,他们不知不觉地获得了伟大的创造力、丰富的常识和足以应付各种困难的能力。

当然,他们或许对自己在农村贫困的处境不满,觉得农村没有提供一个适合他们发展的舞台,每一个农村的孩子都会梦想都市中的繁华与欢乐。所以,他们才会满怀希望到都市里争取更好的机会和更多的荣耀。他们知道,城市里很繁华,那里有无数的大公司、公共图书馆、设施齐全的学校。无数的同龄人在那里汲取知识。在那里有着太多的成功机会。总之,他们把大都市看成是成功的海洋,同时又微感惆怅,担心他们的一切希望和宝贵时光都将在乡间消磨。

但任何一个农村孩子都应该知道,那些在他看来妨碍他进一步发展的高山小丘、溪涧河流,无时无刻不在养育着他的心灵,大自然在不知不觉中帮助他孕育了明天成功的希望。他更应该懂得,早年的农村生活给了他智慧,造就了他的品格,锻炼了他的身体,是他将来拥有伟大成就的重要原因。所以,他必须相信,大自然能给他最好的教育，他必须充分利用在乡间的机会锻炼自己，以便将来进入都市后能应付所有可能的困难。有些人忽视了大自然对人天然的教益，只知道埋头于竞争与营利，到后来他们却多半被淘汰出局了，因为他们从不知道一切幸福来自于苦难。世界上有许多银行家、名律师、大商人、铁路工程师、大政治家，都是因为经历过早年的农村生活，才成就大业的。

著名牧师、市政改革家派克斯特先生，在阐述农村对青年的有益影响时说："农村的年轻人应该尽量在农村找一份好的工作，在农村的发展前途未必会比在城市小。通常，人们到都市的惟一目的便是赢利，如果他们生来只是一部去赢利的机器，那么对于一个人来说是毫无意义的。所谓城市不过是悲剧、诱惑和罪恶的集中地，那些商行、公司在激烈地竞争，互相兼并，竞争的形势一年比一年严峻。"

曾有人请教过纽约的著名主教波特，问他年轻人在都市机会大还是在农村更容易成功。他说："我们常看见报纸杂志上登载许多诱人的新闻和广告，把成千上万的农村青年都吸引到都市里来，这些年轻人宁愿抛弃美好的乡间生活，来到都市。在都市里，大多数人的地位都很一般，但一个农村青年到了都市甚至就连这个很一般的地位也不易谋得。看看那些旅馆里，不是住满了想到城里谋得一个职位的可怜人吗？但实际上，都市里那些拥有很高地位、巨额财富的人，大都有其特殊的机遇和技能，并非人人都能得到。

"农村到城市来的人们有许多弱点，他们没有足够的经验和能力来应对各种难以预见的困难。他们只能窝身在这生存压力极大、竞争异常激烈的境地里，直到有一天被人挤了出去，于是有的人开始堕落沉沦，铤而走险。他们走出农村时所抱的种种希望都化为了泡影，甚至无法安慰家中亲爱的父母，这是一个多么可怕的悲剧！他们之所以会走这一步，主要原因就在于他们没有认清自己。

"的确，偌大的纽约城到处都是机会，但是，没有一条成功的道路是简捷便利的。青年走进在他们看来充满希望的城市，不少人被压榨到血干骨枯而死。但是，城市仍是他们心中可能获得成功的惟一舞台，他们疯狂地涌来，因为这里到处都需要有学识、有技能的年轻人。的确，可能其中有一部分人真的达到了最初的目标，但是他们也付出了巨大的代价。比如，他们终日待在办公室，除了工作还是工作，这些人的精力和体力很快就衰竭了，年纪虽然不大，精力却已消失殆尽。于是，他们不得不退出，很快又有另外一批身强力壮的有志青年跟来，他们再走进城市这个吸血鬼的口中，让它连血带肉地吞下肚去！

"前途是非常危险的，对于一般从农村到城市来的求职者来说，在农村时，遇事有充分的时间去考虑，但城市生活太紧张，又充满了陷阱与诱惑。年轻人面对这些情况很容易丧失理智。年轻人到城里，首先要努力保持自己思想的纯正，生活上力求节俭，自觉抵制外界的重重诱惑；同时，还要在'金钱'、'势力'、'技术'、'学识'中加以抉择，朝着最适合自己的方向去努力。如果做不到这一点，他们很容易在过眼云烟般的繁华中浪费时间，在花天酒地的生活中把自己的大好年华白白断送。无论如何，年轻人千万不能把都市当成自己的坟墓，将自己埋葬进去。"

生长在农村的孩子们，你们完全不必担心以后的生活与前途，社会上有无数伟大的事业，正等待着你们去创造。你们现在只需努力锻炼自己的头脑和双手，积累自己的内在资本，一旦有机会走入新的环境、进入竞争激烈的都市，就可以大显身手了。林肯不就是这样做的吗？林肯在农村的时候，把每一本书都视若珍宝，用心去读，积累知识，让自己在知识的台阶上不断攀登。对于越是难以克服的艰难障碍，林肯越是想方设法加以排除，因为他知道：克服这些障碍是达到成功的必经阶段。一旦下定决心去做一件事，林肯必定是全力以赴，决不半途而弃。

摆脱贫困的秘诀

贫困是一种极其反常的状态,任何人都不会喜欢。贫穷,绝对是一种病态,是千百年来不良思想、不良环境、不良生活造成的恶果。无数事实表明:世界上的任何事情,只要肯努力去做就会成功,当你事业成功,贫困自然就会离你而去。

可惜的是,很多人想摆脱贫穷,却不想花力气。假若这世上所有穷人,都敢于从黑暗和沮丧中抬起头来,向着自己既定的方向努力,那么,不用多久,贫困就会自生自灭。其实,很多时候贫困是由懒惰造成的。懒惰常常喜欢与浪费携手同行,懒惰的人大都不知节俭,而有浪费习性的人也多不勤奋。奢侈、浪费、不肯工作、不愿努力,这些是懒惰者的温床。

如果一个人决心要摆脱贫困,首先要从衣着、面容、态度等诸多方面清除贫困的痕迹,其次要充分发挥自己的卓越才能,勇敢地向着"富裕"和"成功"迈进,无论发生什么事,都绝不动摇。只有这样,才能凭借自己的自信,充分发挥自己的潜能,最终摆脱贫困,走向成功。

其实,我们自身有很多同贫困不相容的优秀品格,比如说,自信和勇敢。有的人虽然遭受了不幸和苦难,虽然身处困境,依然顽强拼搏,与命运作斗争,最终摆脱困境,走向成功。假若一个人失去了自信,又缺少勇敢,而甘愿过着畏缩、懒惰的生活,那么,他就一定不能战胜贫困,难以有所作为。

假若你安于贫穷，不思进取，根本不想改变自己目前的状态，那么你的能力始终无法得到提高，你的一生也就只能与贫困为伴。

还有一种人，他们不相信自己能摆脱贫困，把贫穷视为自己的命运。这种人是最没有希望的，如果他们一直这样，继续自甘堕落，他们的一生必将在困苦中度过。

有一个美国某名牌大学的毕业生，如果不是他父亲每周供给他5美元生活费，就要生活无着。

这个沮丧的青年，他曾经尝试过多种工作，但无一成功。他对自己的才能没有信心，不敢相信自己会事业有成，他总在挑拣工作，却没有一次获得成功。

有些人认为贫富自有天定，这真是大错特错。

其实，贫穷并不可怕，可怕的是失去斗志和信念，甘于贫穷，甘于被命运束缚。假若你认为周围一片黑暗，前途黯淡无光，那么你就应该立即回头，走向另一面，朝着有希望、有阳光的方向奔去。

争取美满的人生是每个人天赋的权利。在这个世界上，每个人都有属于自己的位置，我们应该相信并下定决心去努力争取。无数人因为付出了辛勤的汗水，向着自己的目标奋勇前进，最终摆脱了贫困。

第四章

安贫但不守贫

成家立业、尽享荣华富贵、出人头地、功成名就,这些都是人们的美好期待。只有对自己的前途有着美好的期待,才能激发我们做最大的努力。

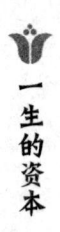

如何激发潜能

一天,约翰·费尔德看见自己的儿子马歇尔在戴维斯的小店忙里忙外,就问:"近来马歇尔的生意学得怎样?"

戴维斯答道:"约翰,我是个直爽人,喜欢直话直说。作为多年的老朋友,我不想让你以后后悔。马歇尔肯定是个性格温厚、做事稳健的好孩子,这不用说,看一眼就知道。即使他在我的店里学上1000年,也不会成为一个出色的商人。他生来就不是这块料。约翰,你还是领他回乡下养牛吧!"

如果马歇尔仍留在戴维斯的店里,那么他日后恐怕真的很难有什么作为。其实,他根本不是不具有做大商人的天赋,而是戴维斯店铺的环境不足以激发他潜伏的才能。他随后到了芝加哥,亲眼看见周围许多穷孩子做出惊人的事业。这让他激情满怀,心中燃起成为大商人的梦想。他问自己:"别人能做出惊人的事业,为什么我不能?"

一般而言,天赋是人的才能源泉,但是天赋是很难加以改变的。实际上,大多数人的志气和才能都深藏潜伏着,必须要靠外界的刺激予以激发。志气一旦被激发,还需要持之以恒的关注和教育,才能发挥全部力量,否则终将很快萎缩消失。

因此，如果天赋与才能不被激发，那么，人将变得迟钝，并失去本应有的力量。

"我最渴望的，就是让我去做我力所能及的事情。"爱默生说。拿破仑、林肯做不了的事，但有可能对其他人来说是"力所能及"的。做自己力所能及的事情，是展现才能的最佳途径。

每个人都被赋予了巨大的、沉睡的才能，一旦被激发，便能做出惊人的事业。

美国西部有一位铁匠，人到中年，还是不识文墨。他在60岁时却成为全城最大图书馆的负责人，这位铁匠惟一的希望，是要帮助同胞们接受教育，获得知识。他也获得许多读者的尊敬，被认为是学识渊博、为民谋福利的人。可是你会想，这位铁匠自己并没有接受过系统的教育，为何会心怀如此宏大抱负呢？原来他偶然听了一次关于"教育之价值"的演讲。这次演讲让他若有所思，激发了他远大的志向，唤醒了他潜伏着的才能，使他做出了造福一方的事业。

现实生活中，许多人得以表现他们的才能的时候已经不再年轻。这是为什么呢？有的人受到激励和启发，是由于读到了富有感染力的书籍；有的人则是由于听到了富有说服力的讲演而深受感动；还有的人则是由于朋友真挚的鼓励。朋友的信任、鼓励和赞扬，往往最能激发一个人的潜能。

倘若和一些失败者面谈，你就会发现他们失败的原因。他们的潜能从来不曾被激发，因而也没有力量从不良的环境中奋起。

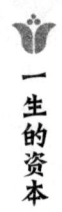

在印第安人的学校里,曾刊登过不少印第安青年的照片。在毕业照片上,他们个个脸上流露出智慧,双目炯炯有神,服装整齐干净,才华横溢。看了这样的照片,你一定会预见能做出伟大事业的人就是他们了。但事实恰好相反,他们中大部分人回到部落后,很快就回到了老样子。为何刚毕业的状况与回到家乡后大相径庭?因为只有少数人依靠坚强的意志挣脱环境的束缚,成就了自己的人生。

人的一生中,无论在什么情形下,你都要不惜一切代价,让你走进能促进自我发奋的环境里,走入一种可能激发你潜能的环境里。努力接近那些了解你、信任你、鼓励你的人,他们对于你日后的成功,深具影响。你更要与那些努力要有所表现的人接近,他们志趣高雅、抱负远大,接近他们,你会在不知不觉中深受他们的感染,养成奋发有为的精神。即使你遇到挫折,那些奋斗者的鼓励,也会让你重新燃起热情。

有梦想才有将来

你是一个有梦想的人吗？许多人之所以功成名就，是因为他们拥有美丽的梦想。这一点莎士比亚功不可没，正是他告诉人们："从腐朽中发现神奇，从平常中看出非常。"

有人说，想像力只对艺术家、音乐家和诗人管用，在实际生活中，它的作用就不那么明显了。但事实告诉我们：不论工业界的巨头、商界的领袖，事实上，人类各领域的卓越人物首先都是有梦想的人。他们都具有伟大的梦想，并坚信梦想会变成现实，他们持之以恒、全力以赴，最终美梦成真。

在人类历史中，如果省略掉梦想者的事迹，谁还愿意去读那些枯燥乏味的历史呢？梦想者是前进的引路人，是人类的急先锋。他们毕生劳碌，不辞艰辛，替人类开辟出平坦的大道。那些目光远大、集胆量和魄力于一身的梦想者是对世界最有贡献、最有价值的人。他们把那些目光短浅、不思进取而又陷于迷信的人解救出来，用智慧和知识造福人类。有胆识的梦想者，还能把常人以为实现不了的事情，一一变为现实。

假如梦想者不到美洲西部去开辟领地，那么美国人至今还在大西洋的沿岸漂泊。马可尼发明无线电，使得在大海中遇险的船只可以及时发出求救信号，因此挽救了无数生命。电报在没有发明之前，也只是人类的梦想，但莫尔使这梦想得以实现。电报的发明，使消息得以在世界各地传递，将整个世界串联起来。勇敢的罗杰斯先生，驾着飞机，实现了飞越欧洲大陆的梦想。横跨大西洋的无线电报经历无数次成功与失败，终于使得美欧大陆能够密切联络，让费尔特的梦想得以实现。斯蒂芬孙原先是贫穷的矿工，但他却制造火车机车，使人类的交通工具有了划时代的突破，运输能力随之得到空前的提高。

今天的一切，不过是过去各个时代梦想实现的总和。

人类所具有的种种力量中，最神奇的莫过于梦想的力量。如果我们相信明天会更好，就不会在意今天正经受的痛苦。有伟大梦想的人，无论有多少艰难险阻，也不能挡住他前进的步伐。

美国人是富于梦想的。商店里的学徒，梦想着自己开店铺；工厂里的女工，梦想着建立美好的家庭；出身卑微的人，梦想着飞黄腾达。他们为梦想而奋斗，再怎么苦难穷困，他们都不会屈从命运，对未来始终充满信心。

一个人如果有能力从烦恼、痛苦、困难中走出，到达愉快、舒适、甜蜜的境地，那么他就拥有了真正的无价之宝。假如失去了梦想的能力，那么谁还能以坚定的信念、充分的希望、超人的勇气，去继续奋斗呢？

拥有梦想的人才拥有希望，梦想能激发出内在的潜能，让我们去努力奋斗，以求得光明的前途。

徒有梦想，而不付诸行动，梦想便一无是处。有梦想的同时，还必须有实现梦想的顽强毅力和决心。只有通过艰苦的劳作、不断的努力去追求梦想，梦想才能实现。

像其他能力一样，梦想也有两面性，它的能力也可能被滥用或误用。如果一个人整天耽于梦想，把自己全部的生命力，花费在建造空中楼阁上，只是一味幻想而不去通过努力实现它，那就会徒劳地耗费固有的天赋与才能。

从梦想到现实，只能靠我们自身的努力。有了梦想以后，只有不懈努力，才能实现梦想。

在所有的梦想中，造福人类的梦想最有价值。约翰·哈佛用几百美元创办了哈佛学院，即后来世界闻名的哈佛大学，这就是最好的例子。

梦想使人生更有意义，它向很多身陷困境的人伸出援手。对人类的梦想者，我们要致以深切的感谢！

第四章　安贫但不守贫

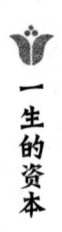

希望的魔力

一些人总是不明白为什么自己的希望之火逐渐微弱,那是因为他们忽略了这样一个道理:只有坚持希望,才能增加力量,才能实现梦想。

希望比理想、梦幻更有价值,因为希望往往是将来的预言,是指导人们行动的向标。同时,希望也能显示不同人理想和能力的高低。

希望具有鼓舞人心的魔力,具有创造性的力量,她能使人全心全力去完成自己从事的事业。希望也是对才能的弥补,她能帮助人在实践中增长才干,一步步实现梦想。

人的思想犹如树木植于大地的根,只要这些根充满活力,人便拥有希望。上帝是最慷慨的,也是最公平的,有所付出的人必定有所回报。

候鸟飞往南方,是因为南方给候鸟温暖的希望。上帝给人们以希望,是希望人们去实现更伟大、更完美的使命,是希望人们的人格获得更充分的发展,是希望人们能够不断超越。因此,只要付出了你应该付出的努力,你就一定能得到你想要的东西。

当然,希望不是万能剂,也有它的界限。一些荒诞不经、不合情理的妄想也会把人导入歧途。我们最宝贵的希望,是逐步完善自己的人格,在很长的一段时间中,不断展现出自己的才能。

一个人才能的增减，与他对人生的希望密切相关。一个人的理想就像树的根部，根部的状况决定了他的品格以及他的全部生命，理想支配着生命的活力。

人会因思想和情感而变得坚定不移。所以，每个人都应树立远大的目标，并下定决心，杜绝肮脏的思想对自己的思想和行动的支配，以坚定的信心迈向高尚的目标。

希望是事实之母。无论你希望得到什么，健康的身体、高尚的品格或巨型的企业，只要方法得当，措施得力，就一定能成功。即使那些看似难以完成的事，只要坚定信念、持之以恒，也一定会达到目标。积极进取的思想会促使人们尽力发挥自己的才干，促进人的希望，最终达到最高境界。积极进取的思想，可以弥补才能的不足，可以粉碎前进道路上的一切障碍。

除了希望，还需要有百折不挠的信心，才能迸发出巨大的创造力。有了这种创造力，再加上持之以恒的努力，就一定能到达理想的彼岸。但如果空有希望，而不付诸努力，那么，即便再宏大的理想也会化为泡影。

万丈高楼从地起，工程师在建造一座大厦之前，就已设计好了蓝图；同样，我们应该首先确立好自己的目标，然后开始付诸行动。

如果只是一味空想，而不是制订行之有效的计划，那么，再好的计划也只是空谈；就好比工程师的蓝图设计好之后，不实施就是一堆废纸一样。

假如你想改变自己的命运，你就应对自己的理想充满热忱，将它时时铭记在心，并持之以恒地为其努力，直到它实现。

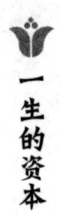

希望，具有不可思议的魔力，对一个人的事业至关重要。

满怀希望的人，拥有非凡的创造力，这种力量能够充分发挥人的才能，一举改变人的命运，从而实现人的理想。

期待化为现实

每个人的内心深处,都埋着种种美好的期待:期待前途一片光明,繁花似锦;期待心想事成,美梦成真。这些期待并不是空想,它往往可以转化为巨大的动力。

对于自己的一生,我们应该时刻怀有一种乐观的态度。所谓乐观的期待态度,就是希望获得最令人欢乐和最美好的事物。

成家立业、功成名就,这些都是人们的美好期待。只有对自己的前途有着美好的期待,才能激发我们做最大的努力。这每一种期待都足以鞭策我们去不断地努力。

有些人非常消极,他们认为幸福不属于自己,世界上一切舒适富贵的东西都不是为他们准备的,如豪华住宅、漂亮衣服以及旅行娱乐等,都不是属于自己的,他们认为舒适富贵甚至幸福都属于另一个阶层的人。他们主动把自己划进了劣等阶层,承认自己属于没有希望的阶层。试问:这种自卑念头深入一个人的骨髓之后,他还能获得美好的生活吗?

什么人会过低贱的生活?是那些志趣低下、品格卑微,对自己没有更高的期待,并且固执地认为世上的种种幸福都与己无关的人。期待什么,便可能得到什么;假若什么都不期待,那肯定就什么也得不到。甘于贫穷的人,只配过穷苦的生活。

虽然期待成功,心中却常抱着怀疑的态度,没有坚定的信念,对自己的能力没有信心,患得患失,对失败怀有种种恐惧,

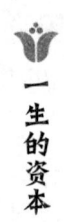

这样的人当然不可能达到目的。只有全心全意期待成功的人，才能取得成功。因此，必须以积极的、创造性的、乐观的思想为先导，我们才能一步步接近理想的目标。

苦干并不能获得成功，有一些人虽然做事很卖力，但仍然一事无成，其原因就是他们的想法与他们的行动相悖。当他们着手做这件工作时，心里又在想着其他的工作，这种心不在焉，已在无形中消磨了他们心中的真正渴望。做事不专一，这是使期待无法实现的最大障碍，请牢记这句格言："内心期待什么，即能做成什么。"

人的锐气常常被恐惧磨灭，恐惧的力量往往能使生命的源泉干涸。假如你的内心为恐惧所占据，那么你做任何事都很难成功。远大的理想、坚定的信仰能够医治人的懦弱，改善人的习惯和品性。对未来充满希望，期待健康和快乐，期待出人头地，期待将来有美好的生活……这些期待，都是成功的资本，都能促使我们沿着成功之路奋勇前行。

每个成功者都应具备乐观的素质。无论当前的处境是如何糟糕，乐观者始终不放弃自己的追求。乐观往往能摧发巨大的能量，推动人们走向成功。

期待就如春风，能唤醒我们内心冬眠的力量，使我们的潜能得到充分发挥，倘若没有期待，那些力量便永远在我们体内沉睡。

要坚决地把任何怀疑的思想都赶出你的大脑，以必胜的信念取而代之。无论如何都应该相信自己的期待能够实现，在乐观的期待中，坚定信心，奋发向上，持之以恒，胜利一定在你的掌握之中。

成功源自自信

如果信心十足,即使是普通人也能做出惊人的事业。即使有出众的才干、优良的天赋、高尚的品性,但是胆怯懦弱和意志不坚,这样的人也难成大事。

据说同一支军队,在拿破仑手下作战时,便会提升一倍的战斗力。可见,军队的战斗力在很大程度上取决于兵士们对于统帅的信心。如果统帅的态度是怀疑、犹豫的,那么全军的士气就会受到影响。拿破仑统率的每个士兵之所以战斗力得到增强,就在于拿破仑的自信与坚强。

一个人有多自信,他的成就就可能有多高。如果拿破仑在率领军队翻越阿尔卑斯山的时候,只是坐着说:"这不可能。"那毫无疑问,拿破仑的军队永远不可能征服那座高山。所以,无论做什么事,坚定不移的自信力,都是达到成功所必需的和最重要的因素。

伟大成功的源泉是坚强和自信。不论才干大小、天资高低,成功都取决于坚定的自信心——相信能做成的事,一定能够成功。

有一次,一个士兵骑马给拿破仑送信,由于马劳累过度,在到达目的地之前猛跌了一跤,就此摔死。拿破仑接到了信后,立刻写了回信,交给那个士兵,吩咐士

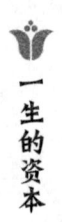

兵骑自己的坐骑，从速把回信送去。

那个士兵看到那匹装饰得华丽无比的骏马，便不好意思地对拿破仑说："不，将军，我实在不配骑这么华美强壮的骏马，我只是一个普通的士兵。"

拿破仑说："世上没有一样东西，是法兰西士兵所不配享有的。"

世界上到处都有像这个法国士兵一样的人！他们以为自己不能与那些伟大人物相提并论；以为自己的地位太过低微，不会拥有别人所有的种种幸福。这种自卑自贱的观念，往往是他们不求上进、自甘堕落的主因。

有许多人会有这样的想法：他们这一辈子也无法享有这个世界上最好的东西；生活上的一切快乐，都是留给那些命运的宠儿来享受的。积极进取的观念往往就会受到这种自卑心理的影响。许多青年过着平庸的生活，他们本来可以做大事、立大业，原因就在于他们自暴自弃，胸无大志，而且不具有坚定的信念。

自信是比金钱、势力、出身、亲友更有力量的东西，是人们一生中从事任何事业最可靠的资本。自信能排除各种障碍，克服种种困难，能使人们到达成功的彼岸。

有的人最初对自己有一个恰当的估计，自信能够时时处处获胜，但是一经挫折，就畏惧退缩，这是因为他们自信心不够坚定。所以，光有自信心还不够，还要想方设法使自信心变得坚定，那么即使遇到挫折，也绝不会轻易退缩。

那些伟人在奋斗过程中总是自信十足，深信所从事之事业必能成功。这样，在做事时他们就不惜付出全部的精力，冲破一切艰难险阻，直到收获胜利。自信带给他们的巨大能量，使他们无往而不利，建下盖世功业，名垂千古。

玛丽·科莱莉说："如果我是块泥土，那么我也要预备给勇敢的人来践踏。"如果在每件事情上都不信任、不尊重自己，言行举止处处流露卑微，那么这种人很难得到别人的尊重。

上帝赋予每一个人巨大的力量，鼓励每一个人去从事伟大的事业。而这种力量就潜伏在我们的身体里，如果不对自己的人生尽职，在最有力量、最可能成功的时候不把自己的才能发挥到极致，这对于世界也是一种损失。世界上的新事业层出不穷，正等待我们去创造。

第四章 安贫但不守贫

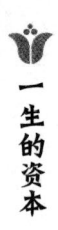

一遇风云便成龙

一颗鱼雷足够击沉一艘军舰。然而,若没有发射器,它将英雄无用武之地。

同样的鱼雷,若只是经过普通的抛掷,绝不会爆炸,即便是小孩子也可以把它当玩具来玩,滚动击打,随便摆弄,都不会有什么危险。同样,寻常时候人的潜力也不会为自己所了解。可能只有当灾难降临,或者是有重要责任需要他承担时,他的最大潜能才能得到淋漓尽致的发挥。

美国总统林肯体内就蕴藏着伟大的力量,种地、伐木、做测量员、做店铺管理员或做执业律师等工作都无法激发他体内的能量,即便是在美国国会议员的位置上他的潜能也得不到全然的激发,直到国家面临生死存亡,他负担起伟大的历史使命后,他那巨大的潜能才一发不可收拾,使他成为美国历史上最著名的英雄人物之一。

格兰特将军同样如此,一切普通的工作,例如种地、制皮革、贩运木材、做店员、在市镇里当临时工,都不足以唤醒他心中沉睡的力量;甚至连西点军校和墨西哥战争,都不能唤醒它。如果美国没有爆发南北战争,格兰特将军可能至今默默无闻,根本不会名垂后世。

有些杰出人物到了一无所有的境地,才迸发出巨大的勇气,去寻找生命的出路;或是遭遇到巨大的不幸与灾难,甚至在山穷水尽时，才竭尽全力打拼出一条血路来。纵观人类历史，这样的例子比比皆是。

时势造英雄，在常人难以承受的困难面前，他们爆发出潜能，与之苦苦搏斗，最终成为流芳百世的伟人。

在美国历史上，很多商界精英在事业起步时并没有表现出什么特殊的才能，直到灾祸降临，产业散尽，陷入了困境，他们内心的力量才被激发出来。

人们通常是丧失了支撑自己的外力，失去了生命中最宝贵的东西，走到了一无所有的境地时，才会体认到自己内心的力量。人的真正力量，就潜伏在自身，并且只有遭遇巨大的压力时，才能将之唤醒。

许多青年的成功要归功于逆境，比如失去亲人、失去工作或是灾祸降临。只有到那时，他们才会自强不息，努力奋斗！青年失去依靠，被迫奋斗，更容易铸就坚毅勇敢的独立个性，而在依赖外力扶持时，是绝不会培养出这种独立性的。人只有到了绝境，才会激起全部的内在力量。当一个人尚有外援时，他绝对不清楚自己真正的实力。

从未肩负重大责任，也无法激发人们的潜能。就像有许多身强力壮、出身卑微的青年，之所以处处听命于人，难有机会展现自己的才华，正是因为从未肩负重任。责任足以激发我们内心的力量。不担当责任的人，绝不会激发出真正的力量。

缺乏合适的环境，即使有再大的雄心与自信，也无法发挥一个人全部的才能。

巨大责任的重压，能激发人应对困难的能力和开创事业的才华。信奉"有什么便表现什么"的人生哲学，贻误了太多的年轻

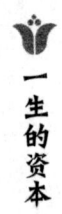

人。身体内的巨大潜力能否喷发出来,这完全取决于你所处的环境是否能激发你的潜能。

　　赋予一个人重大的责任并把他逼入绝境,这种情势必然会促使他振奋精神,凭借自身能力来完成任何不可能的任务。与此同时,他会养成自信、坚韧等优良品质。所以,亲爱的读者,如果有重大的责任降临到你的身上,请愉快地接受吧,因为这是你走向成功的天赐良机。

第五章
增长财富需要的个性特征

如果缺乏果断决策的能力,那么你的一生就会像一叶孤舟,漂流在狂风暴雨的汪洋大海里,永远到达不了成功的彼岸。

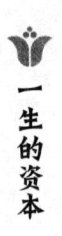

坚定的意志和果断的决策

意志坚定、行事果敢的人虽然难免会犯错，但他们仍然要比那些做事畏首畏尾的人来得强。

世间最可怜的就是那些三心二意、犹豫不决的人。一旦发生什么事情，自己决定不了，必定找他人商量，这种瞻前顾后的人，既不自信，也不会为他人所信赖。

因为对事情的结果没有判断力——究竟是好是坏，是凶是吉，有些人总担心今天决定的事情，明天也许会有变故，以致对今日的决断产生怀疑。他们处理事情过于优柔寡断，既不敢亲自下决定，也不敢担负起应负的责任。就是因为犹豫不决，很多人无法实现自己美好的梦想。

所以，趁着犹豫不决、优柔寡断还没有影响到你、削弱你的力量、毁去你最佳机会之前，你就要把这一顽敌置于死地。犹豫不决、优柔寡断是一个阴险的敌人，从今天开始你就应该和它斗争。要锻炼自己一种遇事果断坚定、迅速决策的能力，不要再等待、再犹豫，绝不要等到明天，对于任何事情都不要犹豫不决。

做任何事，不要给自己预留退路。当然，对于比较复杂的事情，在决断之前需要从各方面加以权衡，但是，一旦打定主意，就绝不要再行更改。一旦决策，就要破釜沉舟。只有这样，才能养成坚决果断的习惯，既可以增强自己的信心，同时也能博得他人的信赖。刚开始难免会时常作出错误的决策，但由此获得的自信等优良品质，足以弥补错误决策所带来的损失。

我认识一位妇女，她是个犹豫不决的人。当她想买一件东西时，她一定要跑遍全城所有的商场。当她走进某家商店，便从这个柜台跑到那个柜台，从这一部分跑到那一部分。她从柜台上拿起货物时，会从各方面仔细地察看，觉得这个颜色不好，那个样式又落伍，犹豫再三也没决定要买哪一种。她还会反复询问各种问题，让店员们十分厌烦，到最后她也许什么东西也不买，空手而去。

她打算要买一身取暖的衣帽，既不喜欢穿戴着太笨重，又不喜欢过分暖和。她要那一身衣物，无论冬夏都能穿，既能山上穿，又能海边穿，不仅上教堂能穿，也适合上影剧院穿，心中带着这几种几乎不可能同时具备的条件，从哪里能买到这身衣物呢？万一碰巧她买到了这样一件衣物，她心中还是会怀疑所买的东西是否真的不错，是否要带回去听听他人的意见，然后再到店中调换？无论买哪一样东西，她总要调换两三次，最后仍然不满意。

我还认识一个人，他做事历来拖沓。比如写信的时候，如果不到最后一分钟，他就绝不肯将信封起来，因为他总担心还有什么地方要改动。即使信已经封好了，邮票也贴好了，都预备要投入邮筒了，他又把信封拆开，更改信中的内容。他有一件最好笑的众所周知的事，有一次他给别人写了一封信，刚寄走就打电报去，叫人家把那封信原封不动立刻退回。无论做什么事情，他都给自己一个重新考虑的机会。这个人是我的好朋友，也是个社会名人，他在其他方面有着相当出色的才能与品格，但正是由于他这种犹豫不决的习惯，使他难以得到他人的信赖。所有认识他的

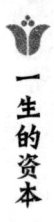

人，都为他这一弱点感到可惜。

对于一个人品格的培养，这种优柔寡断非常致命。有这种弱点的人，从来不会是有毅力的人。这种性格上的弱点，会损伤一个人的自信心，影响他的判断力，并大大有害于他的全部精神力。

如果缺乏果断决策的能力，那么你的一生就会像一叶孤舟，漂流在狂风暴雨的汪洋大海里，永远到达不了成功的彼岸。果断决策的能力，与一个人的才能密切相关。

勇于创新

杜邦向法拉格特将军说完关于未能攻陷斯登城的种种解释后，法拉格特将军补充了一句："还有一个最重要的原因是，你根本就不相信自己能完成它。"

总觉得自己没有把握完成某件事，那你就很难完成它。因此，我们每个人都要相信自己的能力，都应练就自己坚强的意志。只有明白了这个道理，坚持不懈，才能功成名就。

"勇往直前"是巴罗·罗特希尔德的座右铭，它同时也是世界上无数成功人士的成功秘诀。

无论在哪一个时代，在哪一个国家，都会涌现出一批自力更生打下一片江山的杰出人物，像豪、费尔特、斯蒂芬孙、富尔顿、贝尔、莫尔斯、艾略特、爱迪生、马可尼、莱特等，都是他们那个时代的翘楚之才。

在人类历史长河中，要想创造辉煌的人生，只有相信自己，永不言弃，发挥勇敢而富于创造精神和冒险精神。进取者必须要具备"勇敢"与"创造力"。

那些自力更生、独辟蹊径的杰出人物，从不因循守旧，也从不模仿他人，更不愿墨守成规故步自封。

拿破仑从未学过什么战略战术，却能用自己制订的战略战术称霸整个欧洲。格兰特将军在指挥作战时，从不照搬战术，虽然他曾因此饱受将士的指责和诘难，但他用战胜强大的敌人这个事实说服了大家。西奥多·罗斯福绝少照搬他前任总统的施政方针,他从警察、公务人员、副总统一路走来,总是按自己的意志行事,从不模仿别人,终于取得了非凡的政绩。

事实上,模仿他人的人,不论他模仿的对象多么成功,他始终是难以比肩的。那些没有开拓精神、懦弱胆小的人,一辈子只能故步自封;那些具有坚强的意志力和非凡创造力的人,大都是创新先锋。成功不可能通过模仿或因袭获得,只能通过自己的不懈努力和竭力创造。

比彻和布鲁克斯在传教方面获得成功后,他们的方式、姿势和神态成了无数的年轻教士学习的楷模,但他们之中没有一个获得成功。这就是模仿他人难以成功的典型例子。

在当今社会,社会的宠儿是那些富有创造力的人才,他们是各个行业都需要的精英。时代将把那些喜欢模仿、因循守旧、盲从、缺少开拓精神的人远远抛在后面。每个时代需要的都是那些能够挣脱旧观念的束缚、开创新的局面、勇于创新者。

那些促成我们成功的伟大力量就蕴含在每个人的才能、勇气、坚忍、决心、品质和创造之中。它们其实就隐藏在我们身体内部。

成功者不断前进的道路上洒满了灿烂的阳光。他们从不在别人的路上走,更不会模仿别人,或者使用他人已用过的方法,而只是不断创新,并且专注地按照自己的计划行事。

今日世界的文明,都是抛弃陈腐、落伍的思想,同愚昧和迷信进行斗争的结果;都是人们努力开创新局面、开拓新思路的结果;同时也是不断努力进取的结果。

这些创造者为社会的进步、人类的繁荣作出了巨大的贡献,他们毫不畏惧地奋勇向前,打破陈规陋习,竭力开发新事物,确立人生新的局面。他们不断创新、进取,创造了新的奇迹,推动了历史的车轮。

渴望自由

在一个受束缚、被禁锢的环境中,人的热忱将难以被释放,雄心将会被压制,能力将会被削弱,人生的大好时光将会虚度。这时,他需要鼓起勇气去摆脱束缚,自信满满地去抗争、拼搏,反之,如果无法挣脱束缚,那么,他的雄心及抱负必将随着时间的推移而消磨,终至于无。

一个有梦想的人必须挣脱一切约束,排除一切障碍,使自己的才能得到充分发挥,如此美梦才能成真。

在艰苦的环境中,你很难发挥自己的才能,你的潜能容易被埋没,这种损失是巨大的。因此,人们应该努力将自己的潜能发掘出来,使它发扬光大。事实上,那未被发掘的潜能,就像深藏在地下的钻石,不经打磨就永远显不出耀眼的光彩。要将之从黑暗中解放出来,需要付出的代价就是这打磨的煎熬。

有一部分人陷于偏见和迷信,人格变得狭隘而粗鄙,可悲的是,这类人并不明白他们受到了何种束缚,为什么会身不由己。一些人没有受过正规的教育,他们必然会受到无知的束缚。可悲的是,人们认为此时读书已经太迟,所以甘心被愚昧困扰,他们没有勇气通过行动弥补过去的不幸,来寻求知识上的解放,以致最后沦落到贫困不堪的境地。

胆怯也会束缚住心灵。无数雄心勃勃的青年,曾立志要改变命运，但是他们缺乏自信，时常折于胆怯。他们知道应该提升自己的能力，可是失败的风险往往会吓倒他们，使他们仅仅止步于知其然。

有一类人稍遇一点儿小挫折就萌生退意，他们担心别人说自己胆大或自负，其实是自缚手脚，这种消极心态压抑了自己的雄心壮志。他们不敢冒险，只是一味等待，总幻想奇迹发生，突然会有一种神秘的力量能保险地解除他们的束缚。这种人成功的希望是十分渺茫的。

创业的第一步是必须解除一切能够阻碍、束缚我们的东西，进入一个宽松融洽的环境。阻碍他们事业成功的主要因素，一是没有做好成功的准备，二是太屈从于自己的命运。

有些人本来可以有所成就，但是由于他缺乏摆脱自身束缚的勇气和决心，只能一直从事着普通的工作。那么，杰出人物所具有的宏伟目标、宽阔胸怀、杰出智慧、丰富经验，都来自哪里呢？到底是什么力量在支撑着他们呢？那就是奋斗的结果。他们挣脱了种种束缚，凭借奋斗获得了自由，提升了自己美好的品格，从而实现了人生的理想。

思想趋于狭隘，雄心走向堕落，都会消磨人生的志向，毁灭前进的力量，使人失去希望。所以，不管怎样，我们都应该挥洒自己的热情，发掘自己的潜能，享受最愉悦的生活。

巨额的薪金、丰厚的酬劳、尊荣的地位或别的诱惑都对人有着很大的吸引力，然而对于一个具有远大理想的人，应该具备抵抗诱惑的能力，切不可因为这些诱惑而使自己封闭于狭窄的圈子里，或深陷于一种有损自己人格、不能自主做人的深渊中。

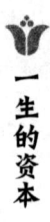

丧失了行为、言论、思想自由，一个本来大有作为的青年因此丧失自信、苟且偷生，那真是太遗憾了。所以，人生应该不惜一切代价来争取生命的自由。

诚恳和机智

随时随地都会夸奖我们的是真诚的好友,当我们陷入麻烦的时候,他总是竭尽全力来援助你;一旦我们获胜,他会为我们感到欢喜,会把我们胜利的消息广而告之。

假如我们是医生,替人医好了什么疑难杂症,那么他也一定会替我们宣传开去。当他听到有人在背后说我们的坏话,他肯定要为我们极力辩护,甚至予以回击——如果希望拥有这样的好朋友,那么你一定要学习"诚恳"。"诚恳"两字尤为可贵,惟有真挚诚恳的人,才能交到真挚诚恳的朋友,才能交到肯帮助你、提醒你、支持你的好朋友。

对每一个人而言,"诚恳"都是安身立命的无价之宝。"不诚恳"则是一柄会给我们带来不利影响的可怕利剑。但"诚恳"并不意味着完全直来直去。诚恳之外,还需要佐以相当的机智。许多人过于直来直去,他总把自己有多大的才能、多少的学识,向人全盘托出。这有时会让别人觉得他是在自夸,甚至有时竟会给人愚笨、不机智的印象,这样,就很难挽回诚恳的感觉。

有些人喜欢到处惹是生非,好搞恶作剧,还自以为是幽默;当别人遇到不幸时,他们甚至幸灾乐祸;他们笑里藏刀,不时指桑骂槐和冷嘲热讽,这种人谁看见都会觉得讨厌。

那些既缺乏机智又不诚恳的人是很不幸的。他们常常自以为很幽默,经常拿人开玩笑,处处耍小聪明,以前的朋友也对他们

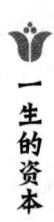

敬而远之，别人都再也不敢信任他们，躲避他们如瘟神。

举止粗鲁、说话尖酸刻薄的人，总是惹是生非、自讨苦吃，一生一世都难以交上一个好朋友。

我们经常可以遇到一些特别喜欢遮掩自己缺点的人，也许他们长相有些缺陷，也许所受过的教育不多，也许举止粗鲁，他们总要想尽方法加以掩饰；但如此一来，他们无形中显得极不诚恳，毫无疑问会给与他交往的朋友留下一种不好的印象，使人们在与他交往前有所顾虑。

机智对一个人的一生来说有着巨大价值，甚至要比书本知识高出好几倍。缺乏机智的销售人员，很可能卖不出一件商品；缺乏机智的银行职员，常常使许多本来可以到手的资金流走；缺乏机智的律师，庭辩时必定一败涂地；缺乏机智的营业员，吸引不到一个顾客。医生要医治病人，要经营诊所，更需要有机智。做企业的管理层职员，尤其离不开机智，有了机智，就可以避免许多劳资纠纷。总而言之，机智在人际交往中会带来许多实实在在的好处，每个人都应该学习和应用这种宝贵的能力。

能在事业上有所成功的人，对于自己的前途一定非常乐观。他一定能获得许多朋友，并能获得他们的信任。

物尽其美

"在这里,所有一切都追求尽善尽美。"这一句格言被镂刻在某公司一座雄伟的建筑物上。

"追求尽善尽美",它值得成为我们每个人一生的格言。如果每个人都能采行这一格言,无论做什么事情,都尽心尽力,以求得尽善尽美的结果,那么人类的福利不知要增进多少。

有无数人做事情马马虎虎,对工作敷衍了事,终致一事无成,一生处于社会底层。

人类的历史提供了许多类似的例子,它们都是由于疏忽、胆怯、敷衍、懒散、轻率酿成的惨剧。不久前,在宾夕法尼亚的奥斯汀镇,因为筑堤工程没有严格按照设计图纸去筑石基,结果堤岸溃决,全镇都被淹没,无数人死于非命。无论在什么地方,总有人做不到尽善尽美,犯了疏忽、敷衍、偷懒的错误。像这种因工作疏忽而引起的惨剧,在人类生存的家园,随时都在上演。

每个人都应该认真负责地做事,不怕困难,不半途而废,如果大家能做到这点,那么不但可以减少很多惨祸,并且可以使每个人都具有高尚的人格。

一个人如果养成敷衍了事的陋习,往往就会失之诚实。这样,人们最终必定会轻视他的工作,从而轻视他的人品。工作是人们生活的一部分,如果你完成的工作质量粗劣,不但使工作的效能降低,而且还会使你丧失做事的才能。所以,粗陋的工作会

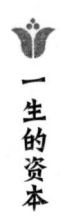

在不知不觉中摧残理想，使生活堕落，阻碍前进的步伐。

在做事的时候，拥有非成不可的决心，这是实现成功的惟一方法。要想获得成功，就要追求尽善尽美。世界上为人类创立新理想、新标准，挥舞进步的大旗、为人类创造幸福的人，无不具有这样的素质。无论做什么事，想要获得成功，如果只是以"尚佳"为满足，或是半途而废，那成功是万万不可能的。

很多青年似乎不了解职位的晋升，基于忠实履行日常工作职责。只有做好现在的工作，才能使他们渐渐获得价值的提升。有人曾经说过："轻率和疏忽造成的祸患伯仲之间。"有许多青年之所以失败，就在于做事轻率。这些人对于自己的工作从来不会做到尽善尽美。

有许多人在不断寻找发挥自己才能的机会，却不知道机会往往就藏身在极其平凡的职业中、极其低微的位置上。

有的年轻人常这样自问："做这种乏味的工作，有什么希望吗？"可是，调动自己全部的智慧，在普通的工作中有所创新，这样便能引起别人的注意，从而得到发挥自己才能的机会，满足心中的愿望，只要你能把自己的工作做得比别人更完美、更迅速、更正确、更专注。所以，不论月薪是多么少，都不该轻视和鄙弃自己目前的工作。

为完成一件工作，需要有充分的准备，并付诸最大的努力。法国著名小说家巴尔扎克有时为写一页小说，会花上一星期的时间，而一些现代写作者，还在那里惊讶巴尔扎克的声誉从何而来。英国著名小说家狄更斯，为了一次朗读，要准备六个月的时间。在没有完全准备好之前，他绝不轻易在听众面前诵读。

许多人借口时间不够，以致工作粗劣，其实按照各人日常的生活，都有着充足的时间做出最好的工作成绩。这一点正是成功者和失败者的最大区别。如果养成了做事务求完美、善始善终的习惯，人生就会充实满足。在做完一件工作以后，应该这样说："我喜欢做这个工作，我已竭尽全力、尽我所能来完成它了，我更乐于听听对我工作的批评。"

无论做什么，成功者都力求尽善尽美，丝毫不会有所放松；无论从事什么职业，成功者都会精益求精。

第五章 增长财富需要的个性特征

正直的操守

林肯的美名从来不曾因为随着岁月的流逝而消失,反倒与日俱增,妇孺皆知。因为林肯的一生都保持着正直的品格,从来没有玷污过自己的人格,从来不曾毁损自己的名誉。

试问,在人类的历史上,有谁能像林肯那样流芳百世呢?看来这的确印证了一句话:"正直的操守,是世界上最伟大的一种力量。"

如果一个青年在刚踏入社会的时候,便决心把培育自己的品格作为以后事业的资本,做任何事情,都以养成完美人格来要求自我,那么即使他无法获得名利,也不至于失败。成就真正伟大事业的人,永远不可能是那些品格堕落、丧失操守的人。

人格操守是事业上最可靠的资本,多数青年对人格操守认识不足。

他们过分注重技巧、权谋和诡计,却忽视了对正直品格的培养。为什么有许多公司甘愿以高昂的代价,将已去世数十年或数百年的人的名字用做公司的名称呢?因为在那些已逝者的名字里面含有正直的品格。这些人的名字代表着信用,使消费者感到可靠,其信用的牢固程度如同直布罗陀的岩石一样。

有一些青年已经意识到品格的重要性,但是他们仍然继续将事业的基础建立在技巧、诡计和欺骗上,而不是正直的品格,这不令人奇怪吗?但也有相当多的年轻人是把自己的事业建立在正直品格上的，这样，他们的成功才名副其实，才有真正的价值和意义。

每一个人都应该认识到，在自己的体内有一种富贵不能淫、威武不能屈的浩然正气。大凡历史上真正的伟大人物，是不会因金钱、权势、地位等种种诱惑而出卖自己的人格的。人应不惜生命来保持他正直的品格。

公道、正直与诚实是成功所包含的要素。而这些美德，林肯无一不具备，倘若缺乏这种种美德，他怎么能完成如此轰轰烈烈的事业？

林肯做律师时，有人请林肯为一桩诉讼中明显理亏的一方作辩护，林肯回答说："我不能做。如果我按你说的做了，出庭陈词时，我会不知不觉地高声说：'林肯，你是个说谎者。'"

如果一个人从事着不正当的职业，戴着假面具生活时，他将会鄙弃自己。他的良心将不住地拷问他的灵魂："你是一个欺骗者，你不是一个正直的人。"这就会使他的品格遭到败坏，使他的力量受到削弱，最终他的自尊和自信必将彻底葬送。

即使面对巨大的难以抵制的诱惑，也千万不可出卖自己的人格。如果一个人过分追名逐利，将会败坏他的才能和品格，也容易使他做出违背良心的事情来。

无论身处哪种职业，你不但要在自己的工作中做出成绩来，还要在自己的做事过程中建立自己高尚的品格。在你做一名律师、医生、商人、职员、农夫、议员或者政治家时，你都不要忘记：你是在做一个具有正直品格、品行高尚的人。这样，你的职业生涯和生活才会有意义。

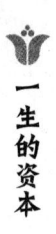

诚信是最好的策略

不久前，一位布料店的经理对人说，他们将在广告上加大宣传，购买碎段的布料与成匹布料相比是如何便宜、如何合算。所以他们店里目前正忙着将整匹的布料剪为零段，忙得不可开交。他说，只要人们见到这样的广告，肯定会信以为真，争相前来购买。但是试想，当顾客们发现店家的欺骗行为，还会有人再光顾这个商店吗？

许多人把说谎、欺骗视为谋取利益的手段，他们以为说谎、欺骗会给自己带来好处。即使一些信誉很好的公司，也常常用动人的广告来欺骗消费者，掩饰自己商品的缺点。有很多人认为，在商场上，欺骗如同资本一样，是十分必要的。他们认为，要想在商场上处处讲实话，几乎不可能做到。

新闻界的报道常有扭曲事实、渲染事实、牵强附会、颠倒事实的倾向，这非常不好。其实，一份报纸的声誉和一个人的声誉是一样的。如果一份报纸总是制造虚假报道，不久便会获得一个说谎者的名声，读者不再信任它，销量自然大幅度下滑。只有那些立足于事实、诚实报道的报纸，才是新闻界的中流砥柱。

所以，由一贯讲真话而获得的声誉，与由欺骗而暂时所获得的益处相比，其价值高出何止百倍！

商业社会中，最大的危险就是失去信用。在经济萧条时，有人更喜欢欺骗顾客，利用投机取巧的方法谋取利益，不讲真话或是将真话隐而不提。但他们万万没有料到，这样做虽然暂时赚了一些金钱，可是他们的人格和信用就此被败坏了。虽然钱包鼓了点，但是他们已经丧失殆尽的人格和信用却不是用金钱能买回来的。

实际上，现在已有许多曾经说谎的人或机构最终认识到，诚实是最好的策略。他们发现用欺骗方法来对待他人，最终是得不偿失的。

在美国国内的众多商行中，大多数商店如昙花一现，很少有100年历史以上的。他们在开业时通过欺骗的方式敛财，固然会繁荣一时，但是事实上却犹如沙上建楼，没有根基，很快便关门大吉了。他们只知道从欺骗顾客中取得好处，不知道当他们的欺骗手段终为顾客发觉，以致失去顾客信任时，他们的经营必将日趋清淡，业务逐渐收缩，最终只能倒闭。

美国好几家大商行大公司的名字和品牌就价值数百万美元，因为这些大商行大公司以诚待人。诚信是世界上最好的广告。

从事合乎道义的工作

前几天，我遇见一位青年，当我问到他的工作时，他面有愧色地告诉我，他已经做了6年的娱乐场所的老板。他很讨厌这份工作，因为它虽然能赚钱，却被人瞧不起。他还说，有了一定的积蓄后会他离开这个行业，去从事别的职业。我认为，这个年轻人是在自欺欺人。

许多年轻人对自己的工作感到羞愧，不愿意把自己的工作透露给别人。

许多年轻人做着于心不安的工作，压制内心的挣扎与反抗，不断寻找各种借口安慰自己、麻木自己。他们会说，这个工作挣钱多，再过几年，有了一定的积蓄就可以去做正当的事了，这其实是在麻醉自己的良心，在逃避现实。

本来可以大有作为的年轻人，却从事着一种会贬低人格、与理想相背、与真善美相左的工作，这实在是非常可悲的事情。他们本来完全可以从事自己喜欢的职业，开展光明正大的事业。这样委屈自己，不但不会获得想要的成功，反而使自己身心俱疲。

凡从事不正当工作的人，时间一长，是非就会混淆，良心就会泯灭。他会觉得为了挣钱，从事这种工作是值得的。

当你明白自己从事的工作是不正当的，就应该立刻停止这份工作。假如你对工作的好坏分辨不清，那就赶快放弃，千万别去拖延，赶快回头，以免继续发展下去悔之晚矣。

宁肯忍受贫穷，也不应该做有损人格的事；宁肯去做类似挖沟、挑担子的苦力活，也不做牺牲自尊、有违良心的事。

这世上你可以选择的工作有很多，何必去做一些不正当的工作呢？

择业时不要以薪水、名利为标准，要选择那些足以发展自己才能、保持自己人格的职业。人格永远比财富伟大，比虚名崇高。

尊重自己的职业

从一个人的工作态度，就可以判断一个人做事的好坏了。如果某人做事的时候，觉得受了束缚，感到所做的工作劳碌辛苦，没有任何趣味可言，那么他绝不会有杰出的成就。

一个人所做的工作，就是他人生的一部分。一个人的工作态度，和他本人的性情、才能有着密切的联系。所以，了解一个人的工作，在某种程度上就是了解那个人。

一个不会尊重自己的人，肯定会轻视自己的工作，而且敷衍了事。如果一个人觉得他的工作辛苦、烦闷，这一工作便无法发挥他的特长，那么他的工作绝不会做好。

在社会上，有太多的人不尊重自己的工作，只是将工作视为生活的代价、不可避免的劳碌。他们没把自己的工作看成开创事业的要素，发展人格的工具——这真是愚蠢到家了！

人往往就是在与困难的斗争中，激发潜能，产生了勇气、坚毅和高尚的品格。抱怨和推诿，其实是懦弱和不自信的表现。常常抱怨工作的人，终其一生，也绝不会获得真正的成功。

假如你为环境所迫，做着一些乏味的工作，你应当设法在这乏味的工作中找出乐趣来，这才是我们对工作应该持有的态度。在任何情况下，我们都不能对自己的工作表示厌恶。只要对自己的工作充满热情，无论做什么工作，都会取得很好的效果。

对工作的鄙视与厌恶不可能引导你走向成功，真挚、乐观的精神和百折不挠的热情才是成功者的指南针。

不管你的工作如何卑微，你要把自己从平庸卑微的境况中解脱出来，你都应有艺术家的精神，应付之以十二分的热忱。这样，就不会再有劳碌辛苦的感觉，才能将你的工作变为趣事，厌恶感也随之消失。

一个人的终身职业，就是他亲手树立的雕像，造型美丑，可爱还是可憎，都是由他亲手完成。而人的一举一动，无论是写一封信，出售一件货物，或是说一句话，表达一个思想，都在说明雕像的美或丑，可爱或可憎。

一个人工作时，如果能充分发挥自己的特长，以自强不息的精神、火般的热忱投入其中，那么不论所从事的是什么工作，都不会觉得工作劳苦。如果我们能以充分的热忱去做最平凡的工作，也会取得好的业绩；如果以冷淡的态度去做最高尚的工作，也不过是个平庸的工匠。所以，各行各业都提供发挥才能、提升自己的机会。在整个社会中，确实不存在可以被轻视的工作。

做什么事都应当全力以赴，有无这种精神决定了一个人日后事业是成功还是失败。倘若能处处以主动、努力的精神来工作，那么即便在最平庸的职业中，也能增加他的权威和财富。如果一个人通过全力工作来战胜工作中的辛劳，那么他也就掌握了走向成功的秘诀。

不要使生活太呆板，做事也不要太机械，要把生活艺术化，不断在工作上发现并且享受兴趣，自然会在工作中全力以赴。

任何人都应该有这样的志向：做一件事，不论遇到什么困难，力争做到尽善尽美。在工作中，要充分挖掘发挥自己的特长,开发自己的潜能,不能因工作的卑微而丧失自我的尊重。若对工作敷衍了事,那是可耻的表白,是真正在糟蹋自己。

坚　毅

坚韧是一把万能钥匙，可以克服一切困难。试问在哪一个行业中可以不经过坚毅的努力而获得成功？又如山洞的开凿、桥梁的建筑、铁道的铺设，有哪样是没有坚毅的精神就可完成的？

在农村，有很多因坚毅而取得成功的例子。柔弱的女子因为坚毅而战胜困难，勇挑养活家人的重担；坚毅使那些残疾人，也能以自己的辛苦劳动，养活他们的父母；坚毅使那些贫困的孩子经过拼搏，找到人生的出路。

正是因为开拓者的坚毅，才发现了美洲新大陆。

在这个世界上，任何东西都难以取代坚毅的品质，教育代替不了，父辈的遗产或有权者的垂青也代替不了，命运更代替不了。

有坚毅品质的人，才能够终日奔波而不知疲倦，生活困顿而不悲观沮丧。一个想成就大事的人，坚毅的秉性应是他的首要特质，若要想获得事业的成功，或许可以缺少其他品质，但绝对不能少了坚毅。

成功者的经历说明：坚毅是克服贫穷的利器。纵观历史，以坚毅为资本取得财富成功的年轻人，要比以金钱为资本获得成功的人多得多。

已故的克雷基夫人曾说："美国人成功的秘诀就是不怕失败。他们不遗余力地专注于自己的目标，毫不畏惧失败，屡败屡

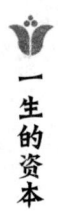

战,愈战愈勇,直至取得最后的胜利。"

有些人一经失败,便把它视作拿破仑的滑铁卢,从此勇气全无,萎靡不振。然而,对于那些刚毅的人来说,他们只会越挫越勇。

有这样一类人,他们做任何事情都全力以赴、目标明确,当面对失败时,他们也能够平静地付之一笑,然后以更大的决心前进。如格兰特,他从不知屈服为何物,也不知何为"最后的失败"。在他的字典里,找不到"不能"和"不可能"。任何灾难、不幸都不会使他灰心丧气。那些一心渴望成功的人,不会把一两次失败看成最终的结果。纵然失败了,他们仍会努力不止、奋斗不息,在每次失败后都能重整旗鼓、加倍努力,直至达到最终的目标。

缺乏坚毅勇敢这种品质的人,会错失所有良机。他们不敢冒险,一遇困难便退缩,一旦成功,又如小人得志般猖狂。坚毅勇敢,是伟人共有的品质。

历史上那些功成名就者,都是由坚毅造就的。真正的坚毅者,总是埋头苦干,直到事业成功。发明家在苦心钻研时,历经艰辛,一旦获得成功,拥有的是无穷的欢悦和成就感。无人能忍受豪发明缝纫机时经历的痛苦与贫穷。世上所有伟业,都是坚毅勇敢者做出来的,当其他人选择放弃时,他们却能一如既往地坚持下去。

很多人开始做事时信心百倍,但由于缺乏坚毅,结果半途而废。任何事都是开头容易坚持难,就像赛跑一样,胜负并不取决于选手起跑时有多快,而是看到终点时谁用的时间最短。要评价一个人的才干,也不能看他刚开始做了多少事,而要看他最终的成就。

考察一个人能否成功，要全面地看他的毅力、恒心以及坚持。持之以恒既是人应有的美德，也是工作能否顺利完成的关键因素。人们想共同合作完成一件事，开始时一起努力，然而中途遇到困难，大多数人都会放弃合作，惟有少数人还能坚持。可这少数人若无顽强的毅力，当遇到更大的挫折与阻碍时，也必然会同别人一样选择放弃，最终一事无成。

有人在给经商的朋友推荐员工时，举出了某人的很多优点，那位经商的朋友反问："这个人能长期保持这些优点吗？"这的确是个值得人深思的问题。首先是，此人有无优点？然后是，此人的优点能否保持下去？因此，坚毅勇敢的精神最为宝贵，只有具备了这种精神的人，才能克服一切艰难困苦，最终取得成功。

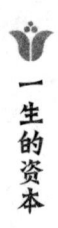

向善之心

从前，有个国王非常疼爱他的幼子，给了小王子他想要的一切东西。但是小王子并不快乐，他整日因忧愁而眉头不展。

有一天，一个有名的魔术师对国王说，他可以让王子快乐起来。国王笑着说："如果你能做到，你想要什么我都给你。"魔术师带着小王子进入一间密室。在密室中，魔术师用白笔在一张纸上写了几个字，然后交给小王子，叫他到另一所暗室里，点一根蜡烛，放在纸下面，看纸上有什么。之后，魔术师便离开了。

小王子走到了暗室，把纸放在火焰上，那纸上就出现了各种美丽的颜色，并出现7个字："每天做一件善事。"小王子依此行事，不久就变成了一个快乐的孩子。

人活着应该真诚待人、乐于助人，这样才能赢得大家的尊敬，才会拥有真正的快乐。

有一次，一位哲学家问他的学生："世界上最可爱的东西是什么？"学生都抢着回答，但许多人都答错了。最后，一个学生回答："是善。"那个哲学家说："对，回答得很好，就是善。只有善良的人，对得起自己的良心，对别人才是一个好朋友。"

这个世界最难能可贵的财富是什么？答案就是善良、诚恳、坦率、慷慨。拥有这种财富的人，即便没有一分钱资本，也能成就伟大的事业。

人生最宝贵的美德就是与人亲善。如果一个人真能明白这些，再尽力去帮助别人，那么他的生命就将有惊人的成就。

不是为了有所回报而给别人以帮助和鼓励，却会有所得。一个人给予别人的帮助越多，收获的也就越多。有时几句鼓励的话，也能造就一个成功者。而那些对他人漠不关心的冷漠小气的人，反而会使自己处于孤独无援的境地。人最大的弱点之一就是误解他人、妄断他人、指责或不信任他人。因为，在恶人中也有善人，守财奴中也有慈善家，懦弱者中也有英雄。

许多人太过于自私，以致总是只看到别人的缺点。我们在生活中，要善于看到别人的长处，要与人为善，要存有怜爱之心，如果只用恶意的眼光看待他人，那永远发现不了别人的长处。世界上有很多给慈善家建立的纪念碑，这些纪念碑不仅仅是冰冷的石像或铜像，它们也代表着慈善家们的那种精神将会永留在人们心中，尤其是那些被帮助者和被感动者。因此，善良能给予我们丰足的回报。

第六章
增长财富必需的能力

要记住,决定你一生事业的惟一定律就是:"你所从事的职业,必须是你最能胜任的!"

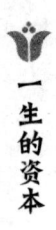

应对得体

哈佛大学校长艾略特曾经说过："我认为有教养的青年应该具备正确运用本国语言的能力，这是一项基本能力。"

能言善辩、谈吐得体的人，最易引起大众的兴趣和关注，他们也最易成为各行各业的成功者。善于言谈的医生可以拥有更多患者，善于言谈的律师能够吸引诉讼客户，店员能通过言谈来留住回头客。即使一无所有的穷人，能说会道也能力助他成为富人。

说话得体在社交上尤显重要。

一个人的谈吐，需要下工夫苦练，阅读大量的书籍，经过充分的准备，才能得体，令人愉快。反之，如果他没有做到这些，而是信口开河，那么他讲出来的话一定思绪杂乱、有失水准。有些人不善言辞，是因为他们不重视谈话技巧。

有一些不务实的年轻人，喜欢和一帮朋友闲侃无聊的话题。他们的空谈不自觉地消磨了人生的大好时光。这种谈话足以消耗尽一个人的思想，也最易使人养成人云亦云的毛病。

在一些公共场所，比如大街上、公交车里，常常有人颇为自得地讲着粗俗不堪、难以入耳的话。

一席谈话就能立刻显现一个人的素质和教养。谈话就是你个人素质的标志，如同标签一样让人一目了然。而且，谈话还会彰显你的过去，使对方对你有一个基本的认识。

同善于言谈的人交谈，应该是一件非常愉快的事。

长于辞令的人，大都能做出不俗的业绩；一些人因为谈吐得体，得到了令人羡慕的职位，进入国会或是获得不朽的名声。然而，一个人要想得到令人羡慕的职位和薪水，仅凭谈吐，向人展示你富有朝气、活泼自然的性格还远远不够。言谈时，对别人感兴趣的事，即使你毫无兴趣，也不应该不加理睬，而是应该十分关注，否则，你就难以引起别人的注意。另外，要使你的口才有质的提高，自己所谈的话题应该逻辑清晰、层次分明，还应该有理有据、顺理成章。你要用优雅简洁的语言、清晰明了的思路来表达自己的思想。

要想提高自己的口才，除了应该注意上述的事项外，还应该形成一个有教养的朋友圈子，并多与他们来往。假如缺少高尚的朋友，你的言谈必然会显得庸俗。

有一些人拥有丰富的思想和无数新颖的观点，但他们缺少灵活生动的语言来展示自己，所以也难以取得他人的赞赏。他们讲起话来，不是词不达意，就是啰啰嗦嗦，让人不明就里。他们缺少的就是用生动贴切的语言来表达自己思想的能力。

在言谈中，有时可能会遇到这种情况，想要表达的意思突然忘词，或是因紧张而表达不顺畅。这是准备不足、锻炼不够的缘故。如果是这样，就需要继续努力。多看书学习，能够丰富我们的思想，看书还可以开阔自己的视野，获得新观点。同时，学习修辞学方面的知识，注意遣词造句，也是提高口才的好方法。

只有在言谈方面不断下工夫苦练，应对能力才能不断提高；只有付出艰苦的努力，才会有好的结果。

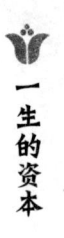

机　智

　　人们常常因为不够机智、不能随机应变，以致造成巨大的损失，这样的例子比比皆是。有些人由于缺乏机智而浪费了自己的才能，或者不能有效发挥自己的才能。还有许多情况，由于不机智，商家丢了店铺，律师减少了业务，朋友伤了和气，作家流失了读者，牧师没有了自己的信徒，政治家失去了民众的拥护，教师失去了学生的信任……

　　一个人的学问再好，要想有效地运用自己的才能，还应该拥有机智，能够随机应变。

　　一个受过高等教育或在某个专业方面有极高造诣的人，如果缺乏机智，事业一样会举步维艰。如果他拥有机智，再加上坚忍不拔的精神，就一定会事业有成。

　　既能利用他已知和未知的东西，又能以巧妙的方式掩饰自己的不足之处，这是一个机智者的优势，这样的人才容易获得别人的信赖与尊敬。

　　机智在任何行业中都是一笔大资产。比如，在商场策划如何吸引顾客注意力的时候，机智就占有重要位置。

　　一个著名的商人在总结自己的成功要素时，他认为第一重要的应该是机智，其次才是热忱、商业常识和着装。

　　我认识一个人，其事业一直不顺，并不是他不努力勤勉，而是因为他缺少机智。他具有领袖的潜质，但好憎恶他人，拒绝与不喜欢的人合作；他常做的一些事情会让别人感到不舒服，或者无意中对他人造成伤害，这些弱点影响了他的一生。

为什么很多人会缺乏机智呢？一是因为他们看不清形势，二是因为他们头脑不敏锐。

有一个生活在城市的女子从乡下朋友处回来后，便给招待她的朋友写了封感谢信。她在信中说自己回家后感觉很好，只是在朋友家中被蚊虫咬过的地方，不太舒适。本来她想表达感激之意，却因为不够机智而事与愿违，无意中伤害了朋友。

机智的人初次与人见面，也总能找出符合对方心理、令对方感兴趣的话题，以此作为交谈内容。他会非常善于交际。他不会过多谈论自己的事，而是谈与对方有关的话题，因为他深知对方感兴趣的是自身的事情。可傻瓜却恰恰相反，始终喋喋不休地围绕自己的问题进行谈论，不讨人喜欢。机智的人即使对一件事不感兴趣，也不轻易表露。

机智是一种很重要的优良品质。没有机智，就不能随机应变，不能处变不惊；有了机智，才能充分发掘自身的潜力，以应对瞬息万变的复杂社会。

如何才能掌握机智？一个作家如此写道：

> 对于人类的天生性情，比如恐惧、希望及其他种种情绪，都要表示同情。
>
> 对待任何事情，都要先从别人的角度出发，设身处地地为他人考虑一番。
>
> 表示反对意见的时候，不应伤害他人。
>
> 对于事情的好坏，要有快速的判断，必要时，要能

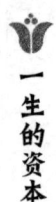

适当忍让。

切勿固执己见,要记住,你的意见也只是千万种意见中的一种而已。

要有诚挚、宽厚的态度,这种态度可以消除矛盾。

无论遇到多么尴尬的事,都要敢于承受。

更重要的是,要有温和、快乐、诚实的态度。

及时充电

一些诚实善良的年轻人，出于长远考虑，积极勤奋地投身工作，在生活中节衣缩食，辛辛苦苦积攒了一些钱，以备将来不时之需，但是他们最终也没能搭建一个安乐窝。为什么呢？

因为他们缺乏商业知识，到了中年或老年，仅有的储蓄很快就耗尽了。

社会中有些人不懂得如何有效地保护自己的资产，很容易被那些居心不良的人所骗。很多人把自己生活的幸福建立在社会公众对商业原理与技能的无知之上，靠行骗维持生计。他们常常能将别人的钱轻易地装进自己的腰包，付出的仅仅是一个巧妙的广告、一张诱人的传单或一份欺骗性的宣传。

一个具有商业常识、由贫穷中奋斗出来的人，是不会把自己的血汗钱进行这种靠不住的投资，白白送给他人的。

许多人为了避免损失与痛苦，把自己的资产"全权"委托给律师或商业经纪人去代理。选择"全权"委托需要谨慎，一定要确认受委托人是否诚实可靠。很多经验不足的人，尤其是妇女，由于不懂商业原理，不明白"全权"委托的真正含义，不设定恰当的制约，就把自己的产业轻易地委托给他人，致使受委托人利用特权为所欲为，使委托人蒙受巨大的损失。

很多年轻人从专科学校或大学毕业时，虽然满肚子学问，却缺乏最实用的商业知识。因为学校忽视对学生"保护财产，不为无形窃贼所盗"这种实际能力的培养；父母把子女送到学校之后，对子女是否已经了解了普通商业原理和一般商业技能，也是不闻不问。

要想避免失败或倾家荡产，在校学生应加强对商业常识的学习，这样就可以避免受到别人"思想浅薄"的嘲笑。

在社会上要想不上当受骗，就一定要有丰富的商业知识。

有了足够的商业知识，那些居心不良的人也就无法下手了。

积蓄金钱并精于投资，绝非想像中那么简单，甚至那些有丰富商业知识和经验的人都觉得困难，对没有受过商业训练的人更是难上加难了。

选择适合的职业

"哪一种职业比较适合我呢？"这是每个人迟早都会遇到的问题。如果一个青年找不到合适的职业，那么他的生活一定十分无聊。

一种好职业应该是有益于你的发展，能帮助你不断进步，能让你学到精湛的技能，使你的前途一片光明。在可能的选择范围内，不要从事那种对你的健康有损害、工作繁重又永无假期的职业。不要为自己的职业担心，选择那些适合你的工作就是了。那些条件过于苛刻、不适合你的工作完全没必要去尝试。

有些人只是为了薪水，就去从事那些低贱的职业，不知道那些职业会败坏他们的人格，损害他们的身体，消磨他们的志趣，埋没他们本可以有更大作为的才能，这样的职业会使他们的人生毫无希望。

选择职业，就选那种光明正大、利人又利己的工作。千万不要从事不正当的职业，那样会使你内心不安，你也很难有成功的希望。即便你有钢铁大王卡耐基和富商培比第的才能，也不见得能在那个岗位上游刃有余。

从众多可能的职业中选择一个合适的，就像从许多书籍中选出一些有益的读物一样，你应该挑选那些高尚而又适合自己的工作。我们要深谋远虑，从事的职业必须有益于自己的人格和发展。

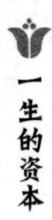

无论是谁，如果仅因为要逞强，而忽视对自己品格的培养和发展，那么终其一生，他必定碌碌无为。

一个健康多才的青年，如果把自己所有的才华和精力都消耗在那些卑劣低微的工作上，而使自己最出色的理智与才能被埋没，那他也不会有什么前途。

世界上有太多的青年很优秀，他们身强体壮、智识高、有很好的才能，本来可以有一番作为，但他们将自己的才能白白浪费在一些毫无意义、使人堕落的工作上，真是可惜了。

试想，如果一个青年仅仅为了满足一时的贪欲和快乐，而置一生名誉于不顾，这是明智的做法吗？

为了一点钱就不惜牺牲自己的人格，去做那些伤天害理的事情，他们已经无脸去见自己的亲朋好友了。另一方面，青年最可悲的事，就是违背自己的良心和意志去做自己根本不喜欢的工作。

一个有抱负的青年本来应该好好利用自己的青春，去过一种合乎道义的高尚生活。然而他们却以"命运不济"或"谋生困难"为借口，违背自己的天性，抛开自己的自尊，去从事那些卑贱的职业，这是多么可怜啊！

这世上有许多职业供你选择。即便去掘沟渠、开煤矿、搬砖石、砌瓦片，也不要去做那些伤害自尊、败坏人格、违背良心、牺牲快乐、不合情理的事情。

要想成功，你就必须有长远的规划，甚至应该为自己设计一生的计划，然后集中精力、全心全力地去做。

凡是能成就大事者，遇到重要的事情时，一定会深思熟虑："我应该把精力集中在哪一方面呢？怎么做才能无损于我的品格、精力与体力,又能获取最大的效益呢?"

首先,你应该选择一个适合你的性格、才智和体力的环境,有了良好的环境后,你应当竭尽全力把事情做得尽量完美,以此来实现你期望的目的。在一个适合自己的环境里,我们才能顺畅愉悦地工作。总之,一开始做事的时候一定要迈得开脚,只有这样才能大步前进。

很多人认为我们从小就对某方面的事务感兴趣,长大了从事这方面的职业一定顺理成章。这其实是不对的。然而,很多人却有这样一种错误的观念,许多人等到了中年才最终确定自己究竟要做什么,因为到中年时,在职业方面他们已经积累了丰富的经验,一接手工作就能很顺利地展开。

有人问美国银行家乔治·皮博笛,他是如何找到这份工作并以此作为自己一生的事业的?乔治·皮博笛说:"我没有找过它,是它自己找上门来的!"那些琐碎细小的事情,比如偶然事件、环境、出生地、身世等,常常都会成为我们从事某种职业的决定性因素,这就好像许多细枝末节会影响到一生的命运一样。偶尔读到了一本书、听到了一次演讲、吸取了一个教训、接受了一次批评、获得了一次嘉奖或遭遇了一场危险,都可能成为影响我们一生成败的关键。

亨利·狄克教授说:"凡事做起来只要觉得有些把握,并且还饶有兴趣,那就完全可以当机立断,立志去做。一个人最大的缺点就是犹豫不决、优柔寡断。其实,在职业选择上,种种无谓的考虑与担忧,只会妨碍自己的决断,影响自己的前程。只有那些勤勉努力、踏实肯干的人,才能不断提升自己。"

"因为我总是考虑如何行动,所以我才能够取得今天的成

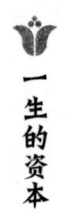

就。如果老是东想西想、瞻前顾后、优柔寡断，是绝不会成功的。"托马斯·斯莱克博士也这样说。

有些人在择业之初茫然无措，他们总是在想："我该怎么办呢？""我究竟该做什么事呢？""怎么做才能最大限度地发挥我的才能呢？"如果有人能替他们决断这些问题，不但会为他们减少很多烦恼，甚至可以间接地影响人类文明的进程。因为，如果世界上所有的人都能在最适合自己的职业上工作，那么人类文明就会达到最完美的状态。

我们当然应该尽早选择一种最适合自己的职业，但也不可操之过急、过于草率。如果还不能立即确定，不妨慢慢来，再慎重考虑一下。固然，这样的问题对于才智过人的年轻人来说是不难抉择的，但有很多年轻人被职业选择的事情弄得心绪紊乱、焦头烂额，不知道自己究竟应该往哪边走。尤其是好的机会降临时，他们更加不知所措。其实，在通常情况下，一个年轻人即使没有多少事业上的野心，只要他们品行端正，肯勤勉努力，就必定能找到用武之地。

要记住，决定你一生事业的惟一定律就是："你所从事的职业，必须是你最能胜任的！"

世界上大多数人只知道紧紧抓住眼前的职业不放，只把事业当成一个谋生的饭碗。这种做法既不成熟，也缺乏深谋远虑。其实，我们应该把工作与职业当做一种更广博的学问，正是在工作中，我们力求进步，学习如何发展自己、为人处世、待人接物。

最适合自己的职业（Ⅰ）

有些人有不错的学识，只是因为所从事的职业与他们的才能不相配，久而久之，竟使他们原有的工作能力都丧失殆尽。这种事情在现实生活中常常出现，由此可见，一种不称心的职业很容易糟蹋人的才能，耗散人的精神。

年轻人必须要有远大的志向，才会聚精会神、全力以赴地去做事。世上最能摧残人的希望、践踏人的自尊、使人丧失内在力量的，就是不称心的职业。

一个人是否工作不称心，常常可以从他的言行举止上看出来，他的不快乐都挂在脸上，脸上通常没有笑容，说话、走路、做事都是懒洋洋的，提不起丝毫精神。

世上最悲哀的事情，就是那些家长强迫子女从事他们自己不喜欢的工作。家长们自认为是为孩子好，当然希望子女能在事业上步步高升，崭露头角。但他们一点也不去考虑子女的个性志趣，这些可怜的孩子常常感到无比的压抑、痛苦，又不知所措。这不仅对子女无益，反而对他们的发展有所阻碍，令他们生活不愉快，事业也无法成功，白白葬送了他们一生大好的前程。

有一位著名作家这样说："一般家长常常依据自己的经验，把自己的观点强加于子女。那些在某一领域有所成就的家长更是如此，由于他们本身对某一事业非常有兴趣，并且也因为这项事业而大获成功，所以理所当然地就认为也要引导子女走这条路。

其实，他们丝毫没有顾及事业本身的特点是否适合自己的子女，他们这样考虑的依据仅仅是他们自己的经验。而且，随着社会的进步，环境在不断地改变，那些糊涂的家长却一点也不明白以前对的现在不见得对，还是一意孤行。所以，我要奉劝那些正要择业的年轻人，一定要根据自己的个性来选择工作，对父母的意见自然要仔细地考虑，但切不可盲目听从。"

在择业上有一句金玉良言："做你最感兴趣的工作。"当一位青年获得一份称心如意的职业时，家长别再对他喋喋不休，对他的职业加以评论。如果家长这样做，一定会使那个青年陷于烦恼中。所以，当一个青年找到一份称心如意的职业时，父母们应该尽可能地不要再去干涉他。

你应选择与你的才能、体力和智力相合的职业，同时还应该适合自己的个性，确信自己能胜任并愉快地从事这一职业，永不抱怨。如果当这样的职业幸运地降临于你时，那就别再犹豫了，放手去做吧！

当你的父母、同学、朋友都劝你去做个律师、政治家、演说家、医生、艺术家或工程师时，你千万不要盲目听从别人，草率决定，要三思而后行，要坚定意志去选择那最合你心愿的工作。如果一时难以定夺，不妨将各种职业都尝试一下，要选"性之所近"的工作。你要仔细思考分析自己的个性特征与兴趣，然后问自己："我对做成这件事有多大的把握呢？这件事与我的兴趣是否相合？与我的个性有冲突吗？我有足够的毅力、耐心和体力把这件事做好吗？面对挫折和障碍时，我会半途而废吗？我能设法克服这些挫折和障碍吗？"

最适合自己的职业（Ⅱ）

如果你选择了不适合你的职业，那就不可能有所作为，不适合你的职业不仅不会让你成功，它甚至还会剥夺你生活的乐趣。但是，如今的很多青年大多没有考虑到这一点，他们并不考虑工作本身是否适合自己，而往往愿意去做那些别人看起来很体面的工作。

许多人只考虑到工作的体面，断送了自己一生的幸福，他们以为成功的捷径肯定就是一份体面的工作，根本无视自己的性格、才学是否与之相称。他们完全不懂得成功的真正意味。

任何事业上的成就都不如培养为人处世的能力重要，更为有价值。一个人除了理智外，最重要的东西就是感情，感情其实与我们所拥有的学问一样宝贵。但是，很多受过教育的年轻人在刚跨入社会时，往往有许多不良习惯，如刚愎自用、自高自大、对人冷淡等；要改善这些不良的习惯，就必须从修身养性开始，要努力使自己成为一个令人愉悦、使人敬重的人。

其实，在选择终身职业之前，必须先问问自己具备什么才能和志趣，这是一件很难的事情，需要深思熟虑。职业的各个方面都要与自己的志趣相合，并且自信能够胜任，这才算得上是选择了最适合自己的职业。如果你认为自己在某种事业上缺乏足够的才能，那么还是早点抛弃这种事业。否则，你将会终生后悔和失望。

一旦你决定了要从事某种职业，就应坚定决心。要立即打起精神，不断地勉励自己、训练自己、控制自己，只要有不可动摇的意志、永不回头的决心，不断努力，做任何事情都有成功的希望。

当你选择了自己感兴趣的职业，工作起来无须别人监督，自然就特别努力，总觉得自己精力充沛、容光焕发，能愉快地完成工作，而且绝不会无精打采、垂头丧气。同时，一份合适的职业还会在各方面激发自己的潜能，使自己迅速长足地进步。

在择业时，你固然要对某些问题再三考虑：自己是否能胜任？是否真的有兴趣？但当你作出了决定，就不能再三心二意了。你要不断给自己打气，要有勇气战胜一切艰难险阻，要不怕吃苦、不怕碰壁，更不要对失败心存恐惧。你必须全力以赴。

只要你的志趣与你选择的职业相合，你就绝不会失败。但是，在工作的过程中，有人容易受到外界的诱惑，陷入自己的欲望不能自拔，在无谓的事情上消耗了自己的能量。像这样的人，又怎么可能取得成功呢？

有些年轻人整天没精打采，毫无工作与生活的乐趣，怨叹工作的不如意和人生的无聊。他们显得异常悲观，因为他们正从事着与自己的志趣相左的职业。

世界上的每个人都有各自的长处，都会找到一个适合自己的舞台。但是，也有些毫无艺术修养的人偏要去做一个画家，有些看见数字就头痛的人偏要去经商。也有这样的情形：许多一生都被限制在百货商店柜台后面的人，本可以成为工程师或艺术家。

在选择职业之前，你只需多问问自己："什么工作是我最感兴趣的？"

当你发现自己的工作没有前途，那么你就应该停下来认真想一想，问题究竟出在哪里。只要你能找出失败的原因，你仍然可以重新开始人生，再次走上成功的道路。

爱默生说："一个年轻人踏入社会，正像一叶小舟驶入大江大河，处处都应该谨慎小心，要时时仔细察看周围的障碍与困难，然后设法一一排除。这样才可以安然穿越河口，驶入大海。"

当你明显地感觉到自己做起事来精力充沛、信心十足、斗志昂扬，那么恭喜你，你已经找到适合自己的职业了，不用再怀疑自己是否选对了职业。同时，你那振奋的精神、愉快的表情，也一定会营造出最活跃的气氛。

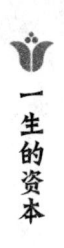

如何谋求心仪的职位

很多年前,有一个年轻人,他想当一名新闻记者,于是跑到美国西部。但因刚到西部不久,人生地不熟,感到无从着手,就写信去请教报界名人塞缪尔·克莱门斯先生(即马克·吐温)。不久克莱门斯先生给他回信,信中说:"我可以在报界为你谋得一席之地,只要你能按照我说的去做。现在请告诉我:你想进哪一家报社?这家报社在什么地方?"

接到克莱门斯先生的回信后,年轻人兴奋异常,他赶忙回信说明他所向往报社的名称及地址,信中并一再向克莱门斯先生诚恳致谢,并表示愿意听从他的指示。不久之后,他就接到了克莱门斯先生的第二封回信,信中说:"只要你肯暂时不拿薪水只做工作,无论你到哪一家报社,人家都不会拒绝你。至于薪水问题,你不必着急,你可以对报社的人说,你觉得不工作实在很无聊,现在极想找一份工作来充实生活,可以先不要报酬。这样一来,无论那家报社现在是否迫切需要人员,总不好一口回绝你。

"当你获得工作的机会后,就要主动做事,慢慢地等到同事们感到确实需要你时,你再到各处去采访新闻,撰写稿件交给编辑部。如果他们感到你所写的稿件的确符合需要,编辑自然会陆续发表你的新闻稿。这样一来,你就会慢慢地晋升到正式外派记者或编辑的职位上,大家也会渐渐重视你。而你的名字和工作业绩也会由同事和朋友们宣传出去,然后,你就不必担心没有薪水了。并且,你迟早会获得一份薪水颇丰的工作。

"过不了多久,其他报社也会竞相聘用你,你告诉主编,其他报社要给你多少月薪,如果这里也愿意出同样的月薪,你仍然会留在这里做下去。你可以拿出聘书给主编看。到了那时,也许其他报社给你的薪水更高,但如果与这里相差不多的话,你最好还是继续留在老地方。"

读完信后,这位青年对克莱门斯先生的方法一开始有些怀疑,但他仍然照着去做了。不久,他果然进了一家有名报社的编辑部;不出一个月,另外一家报社的聘书递到了他的手上,答应每月给他多少薪水;原先的报社知道以后,就答应照对方出的薪水数目加倍给他,于是他仍然在原来的报社里做事。就这样,他在那里工作了四年,在这四年当中,其他报社的聘书又收到了两次,他也因此涨了两次薪水。现在,他成了那家报社的主编。

除了这位青年外,还有五位青年去请教克莱门斯先生,他们都获得了同样的指导,也都因此找到了他们所向往的工作。如今,美国一家名望极大的日报主编就是当年那五位青年中的一位。那位主编在20年前不过是一个很普通的青年,采用克莱门斯的方法进了那家报社后,他的职位就不断上升,终于实现了自己的梦想。

昌西·迪普先生说:"年轻人处事谨慎,对自己有信心,那么无论走到哪里都不愁找不到工作。有了工作之后,就不愁不会迅速晋升。"

昌西·迪普告诉我们一个很好的例子。有一个叫詹姆斯·路特的年轻人,家住伊里铁路附近。最初,他在

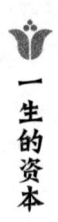

铁路局管理货物，不久，上司看出他工作能力很强，于是就把他提升为车站运货部主管。上任之后，路特立刻对那个车站的货运事务大加整改，车站一改过去管理混乱的情形，一切工作都变得有条不紊。铁路部门那些认识路特的人都对他赞不绝口。于是，他又再次晋升，被任命为伊里铁路货运管理处主任。当时伊里铁路的总负责人是范德尔比特，他看出路特这位年轻人具有非凡的才能，就特地聘请他去中央铁路局做货运部主任，年薪15000美元，这在当时是极高的薪水。

有一天，在工作过程中路特遇到几个难以解决的问题，他去向范德尔比特请教。但是，范德尔比特却问路特："凭什么你能每年拿15000美元的薪水呢？""因为我负责管理运货事宜。"路特答道。范德尔比特又毫不客气地问："这么说，你是不是想把这笔薪水让给我呢？"路特顿时羞愧难当，急忙回身就走，最后路特终于凭借自己的力量把那些难题一一解决了。后来，由于路特自己的不断努力，他被任命为中央铁路局副局长。不久范德尔比特年迈退休，路特就继任为中央铁路局局长。

昌西·迪普先生说："如果路特当初没有全力以赴，去解决自己遇到的种种难题，恐怕现在他的职位早已是别人的了。"

不能只是为薪水而工作

如果要让我对刚跨入社会的青年所遇到的切身问题提点意见，我希望他们牢记："不必太多考虑薪水的多少，尤其是在你们刚开始工作的时候，而一定要注意工作本身所给予你们的报酬，比如提高技能，增长经验，使你们的人格为人所尊敬等。"我们的才能会因雇主交付的工作而发挥出来，所以，工作本身就是我们人格品性的有效训练工具，而企业就是我们生活中的学校。我们思想的丰富，智慧的增进，要依赖于有益的工作。

如果一个人没有更高尚的目的，只是为了薪水而工作，那最终受害的只会是他自己，他在日常的工作中欺骗了自己。而这种因欺骗蒙受的损失，即便他日后奋起直追，也无法弥补。

一个人的品格能够充分体现在工作中。如果他在工作时，不敷衍了事，不偷懒混日，总是能付出努力，那么无论他的薪水是多么的微薄，也终有成功的一日。

你固然可以敷衍塞责，以报复雇主支付给你的薪水过于微薄。可是你应当明白，雇主支付给你工作的报酬只是金钱，但你在工作中给予自己的报酬，却是珍贵的经验、良好的训练、才能的表现和品格的建立，这些东西远不是金钱所能衡量的。

毫无疑问，每个管理者都愿意得到一个能干的员工。雇主将根据雇员的业绩决定晋升。所以，在工作中尽职尽责、一以贯之的人，总会有获得晋升的一天。

一生的资本

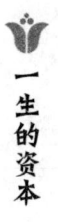

　　一个普通员工忽然被提升到重要的职位上，这看似奇妙，其实在拿着微薄薪水的时候，他就在工作中付出了切实的努力，尽职尽责，获得了丰富的经验，这些便是他忽然获得晋升的原因。

　　许多年轻人认为他们目前所得的薪水太少，拈轻怕重，在工作中敷衍了事，以报复他们的雇主。他们恰恰把比薪水更重要的东西也丢弃了，这样，他们就埋没了自己的才能，埋没了自己的创造力，也使自己可能成为领导的一切特性都无法获得发展。这无异于使自己的希望断送，使自己的生命枯萎，终其一生，也只能做着一个心胸狭隘、碌碌无为的失败者。

　　每个人都应该如此看待自己的职位：我是为了自己而工作，我投身于企业界是为了自己。固然，薪水要尽力地多挣些，但那只是个小问题，最重要的是由此获得踏进社会的机会，获得在社会阶梯上不断晋升的机会。

　　工作给予你的最有价值的报酬，是通过工作获得丰富的知识和经验。

　　在工作过程中，应该发挥自己的才能和创造力，运用自己的智慧，出色地完成工作。在工作中，不要落伍，要日日求进步，要以积极心态来做一切事情。只有这样，才能使你的雇主发现你的才能。

　　工作固然能解决面包问题，但是比面包更可贵的，就是在工作中发挥自己的潜能，展现自己的才能。世界上有好多人似乎只为薪水而工作，如果工作仅仅是为了面包，那么生命的价值也未免太低了。

多挚友

除了自己的力量之外，再也没有别的力量能像真诚的朋友一样，帮助你去实现成功了。关于友谊，爱默生有一句经典的名言："一个真诚的朋友，胜过无数狐朋狗友。"

思想与我们接近、理解我们的志趣、了解我们的优势和弱点、能鼓励我们全力以赴地干好每一件正当的事、能打消我们做任何坏事的念头，这样的朋友不知道会为我们增加多少能量、多少勇气，他们往往使我们产生一种不达目的绝不罢休的决心。

那些无论在何种环境下都能与人交上朋友、建立起真挚友谊的人，朋友对他事业发展的巨大价值往往是无可估量的。

好的朋友可以在精神上抚慰我们，勉励我们道德上的提高，使我们的身心得到更大的快乐。撇开这些不谈，仅仅从经营事业的角度考虑，好的朋友对一个人的帮助也是难以估量的。

有一次，英国伦敦的一家报社悬赏征求对"朋友"一词的解释，其中一个参赛者的解释虽然不够典雅和严格，但谁都说不出一个更好的。那就是："当所有人都弃我而去时，仍然留在我身边的那个人。"

一个商人正在万分焦急、手足无措，因为他经济上遇到困难，突然有位朋友过来帮助他、支持他，从而力挽狂澜，使那位

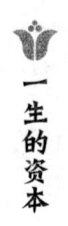

商人有了喘息的机会，得以重新振作。这样的朋友是多么难能可贵啊！

有些刚步入社会的青年，正是因为自己结交的朋友，从而在自己的工作和事业上有了巨大的转机。

但不幸的是，真正的友谊越来越难以找到，现在的人际关系好像完全变成一种交易。

交友不是随便玩玩就算了，千万不可大意。但可惜的是，大多数人并没有认识到这一点。

有很多人，老朋友一个个离去，又不去结交新朋友，结果朋友就越来越少了。

我看见过不少冷酷无情的人。一次，有一个人满心喜悦地去看望他一个多年不见的老同学，不巧的是当时那同学正忙于生意。那同学还有一条坚定不移的原则："生意第一，友谊第二。"所以，那同学只是冷冷淡淡地和他敷衍了十分钟。这种人也许可以发一点儿小财，但以牺牲友谊为代价，代价未免也太大了。

如果一个人喜欢过一种与世隔绝的孤独生活，见了谁都想躲避，那绝对不是什么好事情，会有碍他的进步与成功。如果一个人只顾独自经营，只顾埋头于自己的事情，对社会上的经济动态与发展形势漠不关心，那么他实际上就已经走入另外一个世界。等到朋友们来看他时，他不是找个借口推辞，就是随随便便敷衍一下。你想想，这样的人，以后谁会愿意经常来看望他呢？这样，万一他哪天有了什么灾祸，要想求助于人，也不大会有人搭理，到那时就晚了。

如果能把依靠朋友取得成功的过程——研究，其实是一件很有意思的事情。一位作家这样写道："现代社会，人们完全靠一个规模庞大的信用组织在维持着，而这个信用组织的基础建立在对人格的互相尊重之上。"他还说："只有在朋友的帮助和拥护下，才不至于失败。换句话说，谁也无法单枪匹马在社会的竞技场上赢得胜利、获得成功。"我们社会中有许多人正是靠着朋友取得成功的。

因为"一个人能否成功很大程度上取决于他择友是否成功"，所以一个见识过人、能力很强也很聪明的人，如果交不到什么新朋友，那么无论他收入多少，也不能说取得了什么真正的进步。

交友会给我们介绍各种有趣有益的朋友，不但可以陶冶我们的性情，提升我们的人格，还可以随时随地在各方面给我们以帮助。在社会上，我们的朋友也能随时帮助我们，能把我们介绍到本会遭到拒绝的地方。这些朋友都是诚心诚意的，无论是职业上还是生意上，都到处替我们做宣传，告诉他们的朋友说，我们的外科手术很高明；我们最近又出了什么书；或者我们能治得好某种疾病，用药也非常有效；或者说我们有许多好的发明；或者说我们的生意非常兴隆；或者告诉别人，我们是很有水准的大律师，最近又赢了一场官司。总之，真挚的友人个个都愿意帮助我们、鼓励我们。

当我们知道有人信任我们，会感到一种极大的快乐，它能使我们更加自信。如果那些朋友——特别是已经成功的朋友——一点都不轻视我们，一点都不怀疑我们，并能绝对地信任我们。他们还认为，以我们的才能肯定是能够成功的，是完全可以创下一份了不起的事业的。那么，这会非常激励我们的。

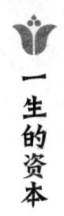

有些人命途坎坷、经历无数艰难险阻，他们在为成功而奋斗的路途上正要心灰意冷、准备罢手不干时，突然想起老师的临别赠言，老师曾经说他们以后必定可以成功；或者突然想起慈爱的母亲，曾含着热泪，叮嘱再三，期望他们能成功，不要使她失望。于是，这些已经心灰意冷的奋斗者又重新振作起精神来，重新以百折不回的意志力和无限的忍耐力去争取他们的成功。

许多正在惊涛骇浪中挣扎、在恶劣的环境中奋斗的胸怀大志的青年，他们希望获得立足之地。在奋斗中，他们会变得更有勇气、更有力量，因为他们知道有许多朋友在恳切地期待着他们的成功。

那些期待自己成功、鼓励自己发展的话，一般人都很看重。只有那些自信心过强或生性粗鲁的人，才觉得这样的话语对成功没有什么帮助。

因为没有人对他们表示有力的支持和真诚的信任，不少天性善良、很有希望成功的人，竟然归于失败。

如果周围的朋友总是鄙视和奚落他，甚至最亲爱的父母师长都说他没用、无能、不肖，于是，有魄力也具备成功的条件的青年丧失了勇气，再也不对前途抱有希望，甚至过起了不思进取的生活。

如果有几个朋友曾真正地信任他、爱护他，看出他的确有一种意想不到的才能，并能常常在他身边加以鼓励督促，那么他就会感到非常的快乐，就会去努力争取未来的成功，就会在前进的道路上努力不懈。

无论对于谁，如果你看出他有一种独特的能力，并且信任他

（其实，任何人生下来都有胜任某一领域的能力），你就应该毫不吝啬地对他说：你将来一定可以成为一个了不起的人物。这种待人以诚的态度，比物质援助更有成效。

第六章 增长财富必需的能力

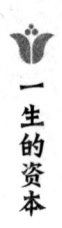

交友的巨大效益

世界上没有人能过离群索居的生活。在社会中，葡萄藤上的枝蔓就像每一个人一样，生命完全依靠主干，只要一脱离主枝，树枝就会枯萎。葡萄就是因为依在葡萄的主枝上，而不是依在分枝上，才会这么味美色香。

一个人接触面越广，他的知识、道德也就增进越多。相反，如果一个人与社会断绝来往，那么他的能力也会逐步削减。社会交往能增强一个人的其他能力。所以，人们应该互相学习，取长补短，并在各种团体活动中获得更丰富的经验。

无论是谁，只要他细心聆听，他身边的人总会给他一些影响，告诉他若干秘密。有些信息对他来说，可能是闻所未闻的，却对他的前程非常有利，如果能及时吸收，迟早会派上用场。

经常与别人合作，能激发自己更多的能力。反之，即使有些潜伏着的力量，单枪匹马也难以发挥出来。同人格杰出的人物接触，更会增进自己的见识和才能。

他人总是在有意无意之中把希望、鼓励、帮助贯穿到我们的生命中，而这些东西常常安慰我们的心灵，鼓舞我们的精神。我们的大部分成就，总要依靠他人的影响才能完成。只可惜很少有人明白这个道理。

我们身体的发育、生命的成长，都需要从身体以外汲取更多的营养，只是有一些我们很难轻易察觉。

师生、同学间能共同劳作，是学校教育的部分价值。这些交流与合作，不仅让学生的思想变得敏锐，而且发掘了他们的能力，激发了他们的志气。更重要的是，通过这些交流与合作，学生对未来充满了憧憬和希望。因此，课本上的知识固然很重要，但是学生彼此切磋得来的知识与体会，价值更大。

　　不管一个人成就有多大，也不管他有多少学问，如果他不懂与人交往，不和别人生活在一起，不懂培养对他人的同情心，不能帮助别人，不对别人的事有兴趣，也不能与别人同舟共济，那么，他的生命一定会孤独、冷清并缺少乐趣。

　　如果你接触的人都是弱者，同样也会使自己的精神状态和工作能力削弱，使自己的意志和理想开始堕落起来。人一定要和比自己优秀的人交往。

　　与一个能够激发我们生命中美善的人交往，所获远远超过名利的价值，因为这样的交往对我们的力量有百益而无一害。不和比自己优秀的人接触，将会是一个巨大的损失，这会减弱社会交往对自己生命的助益。所以，与他人的沟通交流对我们的人生有着巨大的作用。

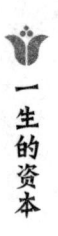

借助别人的力量

　　任何青年在刚跨入社会时，都应该学会待人接物、结交朋友，以便互相提携、互相借重、互相促进，否则，单枪匹马绝对难以获得太大的成功。

　　钢铁大王卡耐基曾亲自预先撰写自己的墓志铭："长眠于此地的人懂得在他的事业过程中发掘比他自己更优秀的人。"

　　大部分美国人都有一种特点，那也是美国成功者最重要、最宝贵的经验，就是善于观察别人，并能够吸引一批才识过人的好朋友来共同进步，激发共同的力量。

　　任何人如果想成为一个企业的领袖，或者在某项事业上获得巨大的成功，首先要有一种鉴别人才的眼光，能够识别出他人的优点，并且能充分利用他们的这些优点。

　　一位商界名人对我说，他的成功得益于鉴别人才的眼力。这种眼力从来没有出过差错，能帮助他将每一个职员都安排到最适合的位置上。不仅如此，他还努力使员工们知道他们所担任的位置对于整个事业的重大意义。这样一来，员工们就能把事情办得有条有理、十分妥当，完全不需要别人的监督。

　　但是，并非每个人都有这种眼力。因为缺乏辨识人才的眼力，他们常常把工作分派给不适合的人，结果导致了失败。虽然他们自己非常努力工作，但他们常常将重任交付给一些能力平庸的人，却反而冷落了那些有真才实学的人，使他们惨遭埋没。

其实，他们一点都不懂，并不是能把每件事情干得出色、样样精通的人就是人才，真正的人才是能在某一方面做得特别出色的人。比如，他们认为一个人会写文章，就认为他一定也擅长管理人。但事实上，他是否会写文章与能否做一个合格的管理人员毫无关系。他必须在制订计划、安排工作、分配资源、组织控制等方面有专门的才能，但这些才能并不是一个善写文章的人就一定具备的。

一个善于安排工作、善于用人的人会在管理上避免许多麻烦。他了解每个雇员的特长，也尽力把他们安排在最适合的位置上。但那些不善于管理的人，总是考虑管理上一些鸡毛蒜皮的小事，忽视最重要的事情，这样的人当然要失败。

很多精明干练的大主管、总经理在办公室的时间很少，常常外出旅行或出去打球。但他们公司的经营丝毫未受到影响，公司的业务仍然像时钟的发条一样有条不紊地进行着。他们是如何做到这一点呢？他们在管理上有什么秘诀呢？——秘诀只有一条：他们善于把工作分配给最适合它的人。

第六章　增长财富必需的能力

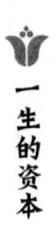

如何获得他人的信任

一个年轻人如果想获取声名,首先要获得他人对他的信任。一个人如果学会了如何获得他人信任的方法,真要比拥有千万财富更足以自豪。

但是,大多数人都无意中在自己的前进途中设置了一些障碍,比如有的态度不好,有的不善于待人接物,有的缺乏机智,常常使一些有意和他深交的人停步。世界上真正懂得获得他人信任的方法的人很少。

在人际交往中,最深刻的往往是给人的第一印象。如果一个人能做到与人初次见面就有一见如故的感觉,那可真是太好了。

所以,我们一定要注意自己的第一印象。最可能成功的并不是那些才华横溢的人,而是那些最能以亲切和蔼的态度给人以好感的人。

教师通常认为最能博得他欢心的孩子就是最有前途的学生;老板认为最称心满意的店员,也就是那最能投合自己心理的人。

好像谁都有这种心理,即使事情与我们的心愿稍有出入,但是如果有人能使我们感到高兴喜悦,也无关紧要。

如果一个很懂得与人交往的书报推销人员,他的一言一语都能打动你,获得你的欢心,那么你自然愿意让他常常跑来纠缠你;即使你觉得自己并不需要,有时竟然也不好意思不买。

与人交流,最好少说自己的遭遇、自己的身世和好恶,做一个倾听者是你应该学会的事情，你要常常流露出对别人谈话的兴趣，能仔细听对方把话说完。这样做对你自己丝毫无损，而他们心中最认同、最重要的礼物就是你所表现出的对别人的关心。

获得他人的信任，博取他人的欢心，是为人处世必不可少的。我们周围有许多例子可以证明，要想获得人们的信任，博得人们的欢心，首先要养成一种令人愉悦的态度，脸上要时时带有笑容，做起事来要轻松活泼。即使你心中对别人有好意，但如果人们从你的脸上看不到一点快乐，那么谁也不会对你有好感。

任何事业想要成功必须持之以恒，想要获得别人的信任也不例外。良好的态度要一以贯之，千万不要今天是一副笑脸，明天难以自制，又显出了粗俗急躁的本性。一个志向远大、决心坚定的人，做任何事情都能善始善终，从来不会半途而废，否则，很难获得他人的信任。

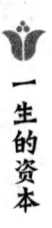

如何奠定信用的基础

认为一个人的信用是建立在金钱基础上的，这是刚开始经商的年轻人常会有的想法，认为一个有雄厚资本的人就有信用，其实这种想法大错特错。与百万财富比起来，卓越的才干、高尚的品格、吃苦耐劳的精神要高贵得多。

努力树立自己良好的声誉，是每个人都应该做到的事。只有这样人们才会愿意与你深交，愿意竭力来帮助你。一定要把自己训练得十分出色，这是对一个明智的商人的基本要求。不仅要有经商的本领，为人也要有信用、诚实和坦率，要有决断力。

有很多银行家非常有眼光，他们愿意把钱借给那些资本不多，但能吃苦耐劳、小心谨慎、时时注意商机的人；对那些资本虽然雄厚，但品行不好、不值得人信任的人，绝不会借出一分钱。

在每贷出一笔款之前，银行信贷部的职员们一定会对申请人的信用状况进行了解：对方生意是否稳定？能否成功？只有确信对方绝对可靠，没有问题时，他们才同意借贷。

欠钱不还其实是在牺牲自己的人格。每个人都应该懂得：人格是他一生最重要的资本。

罗塞尔·塞奇说："坚守信用是成功的关键。"一个人要想获得他人的信任，一定要花费大量的时间，立下极大的决心，不断努力。

我有一次去拜访一家大型杂志的主编约翰·格林先生，询问他对人如何获得信用的看法。他说了以下几点：

"第一，他必须善于自我克制，注意自我修养，做事切实认真，树立起良好的名誉；他应该随时设法纠正自己的缺点；他的行动要做到言而有信，踏实可靠，与人交易时必须诚实无欺——这是获得他人信任的最重要条件。

"第二，青年想要获得他人信任，必须实实在在拿出成绩，证明他的确是个才学过人、判断敏锐、富于实干的人。为了投资事业，一个才能平平的人把多年的储蓄都拿出来，固然是值得鼓励的事情，但如果他在某一方面有所专长，那他给人留下的印象会更好。因为在这样一个工作和公司都细化的时代，如果一个人在某一领域有所专长，那么无论他走到哪里，都将受人格外的重视。

"第三，有良好习惯的商人远比那些沾染了种种恶习的人容易成功。一个青年要想成功，他还需要另一种最可贵的资本——良好的习惯。世界上本来已有不少人跨入成功的门槛，但他人始终不敢对他们抱以信任，只是因为一些不良的习惯，他们的事业因此搁浅，无法再有所发展。那些沾染了各种恶习的人多不自知，但与他们有业务往来的人却看得很清楚，因为这些问题是很多人都很看重的。

"习惯能养育一个人的品格。有些青年原本品性优良，但因为后来沾染了一种恶习，便再也没有出头之日。很多年轻人觉得那只是小事，所以一开始很不注意自己的习惯。但久而久之，他们屈居人下的原因可能仅仅是那些恶习。到时候他们可能会懊悔不已，开始反思：'想不到那样随便玩玩也会成为改不了的恶习.'但是,到了那种境地再懊悔又有什么用呢?

"如果去仔细分析一个人为什么失败,就可知道多半是由于他们有着种种不良的习惯。"

那家杂志社的社长查尔斯·克拉克先生也对我说:

"很多人之所以能获得成功,靠的就是能获得他人的信任。但直到今天仍然有许多商人对于获得他人的信任一事不以为然,不肯在这方面花费心血和精力。这种人肯定不会长久地发达,用不了多久事业就会失败。

"一个有志成功的青年,在任何诱惑面前都能坚定意志、不为所动。他必须善于自我克制:不赌博、不饮酒、不因为毫无意义的事情而举债、不弄虚作假、不赌马。他的娱乐应该是正当而有意义的。否则,只要稍有邪念,他就会使自己所有的信用、品格和成功毁于一旦。

"我奉劝那些想在商业上有所作为的青年:你们应该随时随地去增加你们的信用。一个人要想增加自己的信用,他一定要有坚定的决心,努力奋斗。只有通过实际的行动,才能实现他的志愿,才能使他有所成就。

"所以,除了人格方面的基础外,要获得人们的信任,还需要实际的行动。任何一个青年在刚跨入社会做事时,绝对不会凭空得到别人的信任。他必须以自己的全部力量,在事业上获得发展、有所成就,在财力上建立稳固的基础;然后,他那优良的品行、美好的人格迟早会被人发现,迟早会使人对他产生信任感,他也必定能走上成功之路。我们杂志社去采访社会名人的外派记者,发现生意进账已经不是成功者最关注的事情,他们最关注的往往就是那个人的品行是否端正,是否还在不断进步,他的习惯是否良好，以及他创业成功的历史、他奋斗的过程。"

越是细小的事情，越容易给人留下深刻的印象。很多青年容易忽视这件事情。比如，到了约定日期你借别人的钱却没还。对方如果稍有判断力，就一定可以看出你是一个怎样的人，你的信用状况怎样。

你也许会这样想：那个借你钱的人不是很有钱吗？过几天还有什么关系呢？但是，这样一来你自己的信用要受到多大的损害啊！如果你试着反过来想一想就会后悔了。

也有不少年轻人做任何事情都太马虎，尽管平时为人的确很诚实可靠，这样也容易在不知不觉中使自己的信用丧失。比如，不自觉开出了一张超额的支票，明明他们在银行里的存款已经不多，结果害得收款的人在银行那边碰壁。如果这样做生意，那么他的一切信用将会最终破产。

除了要有正直诚实的品格外，要获得他人的信任，还要有敏捷、准确的做事习惯。即使是一个资金雄厚的人，如果做起事来没有条理，优柔寡断，缺乏灵活的交际能力和果断的决策力，那么他的信用仍将难以维持。

一个人只要失信于人一次，别人就再也不愿意和他交往或发生贸易往来了。因为一个人的不守信用可能会给别人带来许多麻烦，那么别人宁愿去找信用可靠的人，而不愿再找他。

一个精明干练的商人做起事来总是很敏捷、迅速，从不会拖拖拉拉、行动迟缓，这就是他们走向成功的关键。他们绝不会开出空头支票，严守合同。他们知道，无论是生意成功，还是树立信用，都要小心谨慎，否则，信用一旦丧失，生意必将失败。

一个有信用的人要想使自己的信用破产，那真是再简单不过

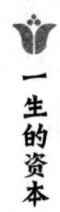

了。即使你多年来一直诚实守信、有口皆碑,但只要你从今日开始变得糊涂起来,丢三落四,不再把事情放在心上,错误百出,用不了多久,就再也没有一个人会信任你了。

财富的成功不取决于金钱

一个人只有对自己的好恶、成败有自知之明，才有可能成功。有的人见不得别人有所成就，满心妒忌；同时暗地里去模仿别人，可结果还是失败，原因在于他们缺乏获得成功所必需的才能。他们不知道一个人要获得真正的成功，需要严格剖析自己、竭力改善自己。一个人只要具备了这些自身条件，他就能获得那些适当的发展环境和外在条件。

要让人们敬重你、佩服你，这可不是一件容易的事情。但如果因此而自暴自弃，那又很容易做到。一个人一旦失去了自尊、自重，那他将很难有什么作为。

无论取得的成就多大，如果他的谋生方式与自己的良心相左，那么即使不考虑对别人的损害，就他自己身体和精神上所承受的压力，也会使他非常痛苦。如果用不义的手段获得了舒适的享受或"美好"的名誉，这样的名誉不会比老实做事所获得的成就更让你满意。后者即便是付出了极大的艰难困苦，却可以让人问心无愧、心安理得。

一个总爱装腔作势的人，当他春风得意时，固然可以趾高气扬、不可一世，但他终有被人拆穿的一天。一旦被人揭穿真相，他必将抬不起头来。

做事的时候一定要实事求是，绝不要做有违自己良心的事。无论你的职位与身份怎样，如果做不到这一点，你的信誉、勇气

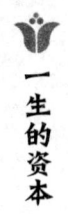

和才能绝不会有可靠的基础。只有坚持这样做，才能使人在走向成功的道路上克服种种困难。

所谓成功，就是一个人的道德、学识、才能有所发展，能够对社会和人类的进步作出应有的贡献。

真正的成功并非一定要建立什么盖世奇功，或者一定要成为一个亿万富翁，也不是一定要使自己的名字出现在报纸杂志上，更无须做出什么惊天地、泣鬼神的事情来。

恪守自己的本分，顺应自然的趋势，那他就是成功的人，而那些四处招摇沽名钓誉之辈，永远是失败者。两相比较，天壤之别！

每个人都要记住，成功既非黄金可以衡量，也非虚名可以涵盖。

第七章

有钱人的十二个习惯

有钱人的十二个习惯：一、节俭持家；二、劳逸结合；三、量入为出；四、积少成多；五、精通业务；六、讲究条理；七、谨慎；八、不举债；九、及时充电；十、有执行力；十一、明智；十二、与时俱进。

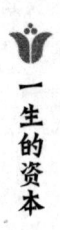

节俭持家

美国作家约瑟·彼林斯说:"有几种节俭是不合算的,过分节俭就是其中之一。"

我认识一个富人,他为了节省十美分不惜浪费大量的时间。例如,他常把信封裁开,把背面当稿纸,他还喜欢把没用完的半页信纸撕下来写东西。在经商时,他这种过分节省的吝啬也表露无遗。他千方百计地让雇员节省使用包装用的绳子,还把这一条写进公司的明文规定。其实,因为这条规定而浪费的时间远远超过一条绳子的价值。这种节省是极为愚蠢的。

现实中只有少数人知道节俭的真正意义。吝啬并不是节俭,所谓节俭是经济的、有效率的使用;不是一毛不拔,而是用度得当。

不善节俭的人和善于节俭的人,大不相同。不善节俭的人,为了节省一分钱而去浪费一块钱。因斤斤计较而做成大事的人,我至今还没见过。过分的节俭是得不偿失的。准备干大事业的人,千万不能斤斤计较。只有靠理智的头脑、合理的处事方式,才能成功。

从广泛的意义上来讲,节俭包含了权衡利弊和深谋远虑。做大生意用的交际费就是一种恰当的投资，而并非浪费。最聪明的节省，有时却需要过分的消费。

节省如果过了头，效果适得其反，它就会成为你前进路上的绊脚石。商人不舍得多花钱经营，农民不舍得在地里多播种，都是不合理的节省。

我认识一个年轻的商人，他的衣服和领带都用到破了才换。他从不请有业务往来的人吃一顿饭，外出遇到客户也不替客户付一次旅费。慢慢地，大家就都知道他是一个小气鬼，不愿与他交往，而他还蒙在鼓里。他的过分节省，使自己蒙受了极大的损失。因为过分吝啬，他的生意终告失败。

有许多人为了省钱，生了病都不去就诊，这种节省不但对身体极为有害，而且对工作也有影响。这种过度的、不正当的节省会消耗人的体力与精力。

当一些疾病或其他问题有碍我们生命时，我们应竭尽所能进行诊治或补救。

有许多人为了节省小钱，不惜损害自己的健康。想在事业上有一番作为的人，应该尽量避免这种做法。生活无论怎样困顿，千万不能在食物上节省，因为食物是健康的基础，也是成功的基础。

凡是能增强体力和智力、会促进我们成功、有利于我们事业发展的事，不论耗费多少都应该去做。我们应把增进我们的体力和智力作为目标，在这方面花再多的钱也是值得的。

慷慨大度常常有助于人们志气的实现，有助于人们在社会的阶梯中节节上升，这比将钱存放在银行更有价值。所以，想成就一番事业，就要把眼光放长远些，不要让吝啬成为自己远大目标的绊脚石。

劳逸结合

与其花钱去看医生，
不如到乡间去寻健康，
聪明的人啊，
把"运动"当做"良药"，
大自然的救治能力要超过一切的人造力量。

一些勤奋的作家绞尽脑汁，连续几个月伏案工作。许多终年劳碌的商人，即使炎热的夏天也在打理店铺。还有那些家庭主妇，终日为家务操劳，为琐事烦心。在校读书的学生终日伏案苦读，背也弓了，腰也弯了，好似枯萎的花木。每一个城市都有这样的劳心劳力者，他们都需要田野、森林等大自然的景物来丰富他们的生活。

休假回来的人们头脑清醒、精神饱满、体魄强健、满怀希望。他们不再感到疲劳厌倦，心中充满愉悦与欢乐。所以聪明人会不惜一切代价，去换取一个能够休息的假期。

那些每年都会到农村度假、呼吸新鲜空气的人，我们是很难看到他们同医生、诊所和药房打交道的。

花一些时间，能够使你对生活和事业有一种全新的、愉悦的感觉，可以使你重新获得足够解决各种问题的精气神，这是多么合算、多么有意义的事啊！

　　一个人如果一年中没有让自己休息上一次，这是很不正常的。其原因要么是全心工作、过分吝啬，要么是职务低微、能力不足。如果是一个缺乏条理性或做事较随便的人，他若暂时离开会带来巨大的不便；而如果是一个具有管理才能的人，他休假一段时间却不会影响大局。

　　人们能从休假中重新补足生命的资本，使身体健康、精神愉悦。可以说，一年一度的休假是最有价值的投资。

　　休假还有助于品格的培养。俗话说得好："在患者眼中，任何人都是恶人。"很多善良的人变得蛮横无理，就是因为在患病后性情大变。人在疲劳时应立即休息，若得不到休息，会变得反应迟钝、行动乏力、两眼无神！

　　有了这些病症后，不管是学生还是商人，都应该立即停止工作。若此时仍疲劳应战，就会遭受更大的痛苦，甚至影响自己一生的前途。大自然的规律是我们改变不了的，若不加以遵循，一定会受到大自然的惩罚。

量入为出

许多年轻人常常把他们的金钱，以及本应拿去发展自己事业的必备资本，花费在无聊的地方，如雪茄、香槟、舞厅、戏院等。如果他们能把这笔不必要的花费节省下来，时间一久，数目一定不小，可以为他们将来事业的发展奠定一个资金上的基础。

经常有年轻人向我夸耀说，他们从来不愿存一分钱，尽管每月可以赚很多钱，但都是月光族。染上这种习气的年轻人，将来到了晚年，一定所剩不多，其生活情景可能会很悲惨！

不少年轻人似乎从不知道金钱对于他们将来事业的价值，一踏入社会就挥金如土。他们好像只是为了让别人说一声"阔气"，就开始胡乱挥霍，或是让别人感到他们很富有。

即使是在隆冬季节，当他跟女朋友约会时，也非得买些价格很贵的鲜花，或各种糖果、小玩意儿不可。他从来不曾想到，这样枉费钱财、费尽心机追来的老婆，将来绝不会帮他积蓄钱财。

为了满足这种喜欢讲排场的恶习，不知有多少人到头来要挨饿，更有无数人因此而失业！一旦这样的年轻人用钱把场面撑起来后，一切烦恼苦闷的事情就会接踵而至。为了顾全面子，他们无法再过节俭日子。他们也不清楚自己已经沦落到什么样的地步。有些人入不敷出以后，就开始想歪点子，挪用公款来弥补自己的财政缺口。慢慢地，耗费愈大，亏空愈来愈多，难以自拔，直到完全陷入了罪恶的深渊。到了这时，他才想到自己不该胡乱花费，不该干那些违背良心的事情，不该挪用公款，可是已经太晚了！

最近有位作家就这个问题，说了一段特别有道理的话。他说，在我们的社会中，"浪费"两个字不知夺去了多少人的快乐和幸福。浪费的原因不外乎三种：第一，想讲究时髦，生活的一切方面都是愈阔气愈好，比如日用品、服饰、饮食都要最好的、最流行的。第二，不善于自我克制，不管有用没用，想到什么就去买什么。第三，有了某种嗜好，又缺乏戒除这些嗜好的意志力。总结起来就是一个问题，他们从来没有克制自己的欲望，从来没有考虑过要修身养性。人们已经习惯于随心所欲、任意而为，这是造成如今社会事事追求浮夸的最大原因。

不少人因为他们没有储蓄，尽管以前也曾刻苦努力地做过许多事情，但到头来仍然是一无所有。

当然，节俭不等同于吝啬。即便是一个生性吝啬的人，他的前途也仍然大有希望；但如果是一个挥金如土、从不懂得珍惜金钱的人，可能就会因此而断送他的一生。

有一类人之所以到中年以后身无分文，就是因为年轻时从来不存钱。万一丢掉了工作，又没有朋友去帮助他，他就只好徘徊街头。他要是偶然遇到了一个朋友，就不断地诉苦，说自己的命运不济，希望那个朋友会借钱给他。这样的人一旦失业稍久，很容易沦落到饥寒交迫的地步，到了寒冬腊月，甚至可能会冻死。因为他不肯在年轻力壮时储蓄一点钱，所以才落到这步田地，要吃这些苦头。他似乎从来没有想到过，储蓄对他会提供怎样的帮助，也从来不懂得许多人的幸福都是建立在"储蓄"这两个字之上的。

一生的资本

为什么这么多人如今都只能勉力为生呢？因为这些人不懂得年轻时要多过些清苦、少享些安乐的日子。他们从来不懂得自我克制；他们从来不知道去学学那些白手起家的伟人；他们有时为了面子，即便债台高筑，无论口袋里有多少钱都要把它花得分文不剩。

挥霍无度的恶习恰恰表明，他是个没有抱负、没有希望甚至是自投失败罗网的人。这样的人平时从来不重视金钱的出入收支，从来不曾想到要积蓄金钱。从没有挥金如土的年轻人最终能成就大业。如果要成功，任何青年都要牢记一点：钱的出入收支一定要有节制、有计划。

无论你收入多少，能节省的地方就要尽量节省，应该量入为出。任何人都应该根据自己的收入来决定自己的生活支出，这是一条人类生活的规律。通常，人们总应努力使自己的支出少于自己的收入。任何青年不管每月挣多少薪水，都不该堕落到仅够自己养活自己的地步。

通常，维持简单的生活并不是人们最大的花费，其实人的大半花费都消耗在一些毫无意义的事情上，比如吸烟、喝酒、赌博、讲排场等。这些恶习，把人弄得一穷二白，到了最后，即使是出卖肉体和灵魂也还不清债务。这些往往都是一般年轻人负债累累的原因。

很多年轻人要紧跟服装的时尚，穿成贵族绅士的模样。怎样去把钱花得漂亮，就是他们整天所考虑的事情。结果，他们不但债台高筑，而且往往丢掉了好的职位。因为挥霍无度，他们竟然把自己的前途都抵押出去了。于是，他们原本更有意义的生活——似锦的前程和高尚的理想，一切都像明日黄花一样，悄然逝去。

那些不愿意量入为出的年轻人常常还遮遮掩掩，自欺欺人。他们不知道，这会使他们成功的基础毁灭殆尽，而且将来也绝对无法挽回。

你以为将来可以从头做起吗？可以不考虑眼前的问题？你以为过了今天还有明天吗？你以为今年将田地荒废不顾，明年仍然可以重新耕种吗？时间老人毫不留情，当你犯了错误后，他绝不会再给你一个从头开始的机会。你年轻时播的种子怎样，未来的收获就是怎样；如果你播的是杂草，将来也休想收获丰硕的果实。

请牢记：你今天撒下的种子，决定了你将来是欢乐或困苦。终有一天，当你走进你的仓库，看见的要么是无用的杂草，要么是满仓粮食——要么是凄惨的失败，要么是光荣的成功。

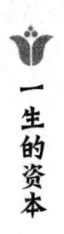

积少成多

一个人若想积累财富，就要善于克制自己的欲望。以自己往日的积蓄作为事业起步的资本比较妥当，举债创业总是一件比较危险的事情。

通常，人们习惯把吝啬看成节俭的孪生兄弟，这其实是不对的。吝啬的含义是指当用的不用，不当省的也要省。实际上，节俭的真正含义是：当用则用，当省则省。也就是说，好钱要用在刀刃上。

英国文学家罗斯肯说："通常人们认为，'节俭'这两个字的含义应该是'省钱的方法'；其实不然，'节俭'应该解释为'用钱的方法'。也就是说，我们应该怎样去购置必要的家具，怎样把钱花在最该花的地方，怎样安排在衣、食、住、行以及生育和娱乐等方面的花费。总而言之，我们应该把钱用得最为恰当、有效，这才是真正的'节俭'。"

托马斯·利普顿爵士说："有许多人来向我请教成功的秘诀，我告诉他们，最重要的就是节俭。成功者大都有储蓄的好习惯。任何好朋友对他的帮助、鼓励，都比不上自己一张薄薄的小存折。惟有储蓄，才能奠定自己成功的基础，才能自立自助。储蓄能够使一个青年站稳脚跟，能够使他鼓足勇气，振奋精神，拿出全部的力量，来达到成功的目标。如果每个年轻人都有储蓄的好习惯，这世界上真不知要减少多少伤天害理的人！"

约翰·阿斯特先生在晚年时喜欢说:"如今赚十万元并不比以前赚一千元难。但是,如果没有当初的一千元,也许我早已饿死在贫民窟里了。"

有些喜欢出风头、讲排场的"纨绔子弟",平时不仅耗尽自己的收入,甚至还举债以撑场面。这种人一旦遭遇变故,比如失业,或者生病,不但自己站不起来,往往还会连累别人,把人家的辛苦钱都赔进去。到了那时,他们的真面目就会被揭穿。如果他们以前能够节俭一点,少花费一些,也不会落到今天这种地步。

许多人只因为不懂得量入为出,不懂得管理自己的钱,就在不知不觉中浪费大量的钱财。如果一个青年能把每次花费都记入账簿,然后仔细核算、好好筹划,这对于他未来的事业发展,能提供巨大的帮助。这样不但使他学会了记账的方法,还可以使他熟悉金钱往来的各种手续,从而获得宝贵的经验。

最好能随身携带这种账簿,以便能随时记录自己的花费。这样持之以恒地去做,一定能改掉挥霍无度的恶习。账本能清清楚楚地告诉你,过去的钱都用在了哪里,什么地方是完全可以节省的,什么地方是一定要用的。

通常来说,城里的孩子比乡下孩子浪费。城里充斥着各种各样专骗孩子的东西,这是影响他们花费的原因,例如不结实的玩具和不卫生的糖果。乡下孩子既碰不到这么多诱惑,又更看重金钱,他们往往非常珍惜自己仅有的几个钱,不时地盘算着,绝不舍得用这几个钱去买一些专哄人的小玩意,以博得一时的高兴。他们从来舍不得像城里的孩子那样去乱花钱。等到他们积蓄到一百元时,就高兴得跳起来。这些乡下孩子的父母

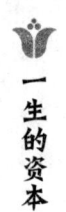

时常教导他们节俭，鼓励他们把钱存到银行里去，教会他们明白储蓄的好处。而城里的那些孩子一有钱就立刻花光，他们几乎从没注意到储蓄。

就像很多城里的孩子宁愿把钱放在口袋里，不愿存到银行一样，许多青年也习惯把所有的钱都带在身上，这样便于他们挥霍，毫无节制。这一种做法是不合适的，那样会在用钱方面完全失去控制。虽然，钱一旦存入银行，用起来会不大方便，但是，节俭的惟一有效方法就是把所有的钱全部存入银行，而且最好存到一家离你的住处远一点儿的银行。这样一来，等你要用钱时就必须到那家很远的银行去取，这时你就会考虑这笔花销能否节省，是否值得。

"致富的惟一方法就是赚得多用得少。"富兰克林这样说。他还说："如果你不想忍受饥饿和寒冷，因有人讨债而烦恼，那么你最好与忠、信、勤、苦四个字做朋友。同时，不要让你赚得的任何一分钱从你的手中轻易流失。"

以前，有一个年轻人想学技术，他就到印刷厂里去。其实，他的家庭经济状况很好，他父亲要求他每晚回家住，但要他每月付给家里一笔住宿费。一开始，那个年轻人觉得这过分了，因为这笔住宿费相当于他当时每月的收入。但是，几年之后，当这个年轻人自己准备开印刷厂时，他父亲把他叫到跟前，对他说："好孩子，我这样做的目的，是为了能够让你积蓄这笔钱，并非真的向你要住宿费。现在你每年陆续付给家里的住宿费是时候归还给你本人了。好了，现在你可以拿这笔钱去发展你的事业了。"那年轻人至此才明白父亲的一番苦心,对父亲感激不尽。如今,那青年已经是美国一家著名印刷厂的老板,而他当年的同伴们却因自小胡乱挥霍,如今仍然穷苦不堪。

这一个真实故事是富有教育意义的,它告诉我们:要想将来享受到成功与财富,惟有养成储蓄的好习惯。

如今,仍然有很多青年有一种很荒唐的观念,他们认为节俭是一件丢人的事情。为什么一定要把金钱胡乱挥霍掉呢?这样就算体面了吗?如果我们能把每一块钱都用在刀刃上,不是更"体面"吗?

这世界上没有一样东西是可以随便糟蹋的,那么对于宝贵的金钱,我们难道就可以这样随便胡乱糟蹋吗?

节俭其实是一件极简单易行的事情,谁都能够做到。你必须明白这个道理。你愿意让债主时时来逼你还钱吗?你愿意处在穷困的境地吗?你愿意一生屈居人下吗?你愿意因为负债而坐牢受罪吗?你当然不愿意,那么你就一定要养成这个简单容易的节俭习惯。

一部著名小说里有一段话很有意思:"宁愿饿倒在地,也不要去借钱!"牺牲一些暂时的快乐与幸福,暂时忍受一下饥饿、寒冷和贫困,又有什么关系!千万不能图一时之享乐,便抛弃了光明的前途,使自己的信用丧失殆尽,丢掉了廉耻心,使名誉败坏,使志气消磨,使人格断送,这会使你的生命孤舟驶入漫无际际的海洋,从而迷失了方向。

俗话说得好:"节俭是你一生受用不尽的财富。"一个愁容

一生的资本

满面、负债累累的人,是无权享受这一巨额财富的。那种人只会跑来侵蚀你的精力,消磨你的志气,大家也都得小心回避才好。他会伤及使你成功的一切因素,甚至把它们全部破坏。

精通业务

一个成功的商人必须机智敏捷、谦逊礼貌、善于应对；此外，他还要养成坚定的自信和诚信的品格，并且精通具体业务。

只要精通生意经，无论是谁，赚起钱来一定不难。做生意是一种很有价值的谋生方法。全仰仗那些能干的商人，世界上的一切商品才得以融通。一个精通生意经的优秀商人，绝不会放弃自己的职业，必定会取得成功。

保险公司、证券交易所、银行、商行等机构所雇佣的经理、行长、主管、推销员，都是精通生意经的商人。他们各有各的商品，各做各的业务，但汇合起来就是这个社会所需的一切商品和服务，这些机构对社会来说必不可少。

一个商人一定要从小处着手，才能获得成功。比如要想经营保险事业，最初进入保险业时，最好先从一个小地方的业务人员做起，然后再做到经理，再从一个小镇的经理做到一区的经理，从一区的经理升到大都市的经理。如果做了一个大都市保险公司的经理，他出色的才能还足以胜任这一职位，那么他就不难被任命为总公司的总经理。即便他的薪水不高，只要他肯下功夫，做事认真，肯吃苦耐劳，肯定会得到额外的津贴或奖金。通过这一方式一步步锻炼出来的人才，他一定拥有非常丰富的业务经验，也一定很精通这一行业的生意经。

我记得几年前，两家公司为了争夺一个业务人员，甚至诉诸

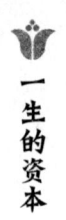

公堂。原告说他们与那位业务人员所签的年薪五万美元的合同尚未到期，所以不允许他中途违约，去帮助另一家公司。也许在这名业务人员还没有成为本公司顶尖人物之前，其他公司就为他开出了一份极高的薪水。

商业知识、商业技巧等方面的训练确实是非常必要的。一个成功的商人必须具备老练大方、谦逊礼貌、小心谨慎、考虑周到、机智敏捷、善于应对等优秀品质；但更为重要的，是要养成坚定的自信和忠实诚信的品格，同时要彻底了解自己所经营的商品、所从事的行业。这不仅是一般的商人所应具备的品质，对于从事其他工作的人来说，也非常有必要。因为如果有了这些优点，再加上良好的态度，就奠定了一切事业成功的基石。

有很多人焦虑不安，甚至陷入恐慌，因为他们找不到好工作。但同时又有无数的雇主感到苦恼，因为雇佣不到精通生意经、善于销售商品的出色员工。有些才能平庸的销售人员总是卖不出商品，但他们竟然一年到头都有借口，比如什么市场行情不好啦，购买力弱啦，经济萧条啦，竞争激烈啦……其实，雇主们才不愿听这些借口，他们只知道东西一定要卖出去，所以他们需要的是能卖出东西的员工。

某地有两家业务相同的商行，都雇佣了一个外派推销员。在一年之内，甲商行的业务额竟然是乙商行的五倍多。当甲商行的那位推销员返回时，带回的是数目可观的订单。这说明他很懂"生意经"，所以，他个人也获得了很高的薪水及佣金。他每次外出推销，就下定决心，一定要做成几笔大的买卖。但乙商行的那位推销员又如何呢？当他回来时，陈述了各种难以克服的问题，只带回种种销售困难的理由。即使他拿到一张数额很小的订单，也是来自那些对他的话和产品半信半疑的顾客。所以，他只好领取一笔可怜的薪水，勉强糊口。

这则故事告诉我们：要想做起事来胸有成竹，必须掌握该行业的"生意经"，这样才能做别人无法胜任的事情，才会最终事业有成。

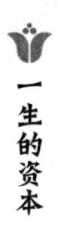

讲究条理

有一位老商人在小城镇做了几十年生意,最终却以破产收场。当一位债主跑来向他要债时,老商人正在紧皱双眉,思索他失败的原因。

他问:"为什么我会失败呢?难道我对顾客不够客气、不够热情吗?"

那位债主对他说:"你完全可以东山再起。你不是还有一些积蓄吗?"

"什么?要重新开始吗?"

"是啊!你应该好好清算一下,把你目前的经营情况列在一张明细负债表上,核算一下失败在哪里,然后再从头做起。"

"你的意思是要我把所有的资产和负债项目详细核算一下,列出一张表格吗?要把门面、地板、桌椅、茶几、橱柜都重新洗刷油漆一番,重新开张吗?"

"是的!"

"这些事我早在15年前就想过了,但一直没有下定决心,所以一直没有去做。"

这是某杂志刊载的一个故事。其实无论你是在大城市还是小城镇经营生意,都应该把账目记得清清楚楚,把物资管理得井井有条——这是最重要的一件事。那些做什么事情都乱七八糟的人,终有一天是要失败的。

特别是在大城市做生意，更要把一切物品都处理得井井有条。

美国信托同业公会会长说："根据我这几年与一些大公司和商行交往的经验，我深知那些能对全店经营情形了如指掌的老板，能够随时获得有关公司营业状况报告的老板，他们的事业一定不会失败。"

很多商家根本谈不上有条理的管理，常把货物堆得乱七八糟。偶尔来个顾客要买一些东西时，店员往往要翻箱倒柜耽误半天才能找到。

很多青年也是一样，他们生来有一种古怪的脾气，对任何事情从来不想去善始善终地把它做好，只想敷衍了事。这些人解下领带、脱下衣裳，就随手一扔。在做事时，如果遇到不得不打断一下的情形，他们就不管事情已经做到哪里，立刻甩手离开，只想当然地认为回来再做吧。这种青年在做事时只会抱着一种"敷衍塞责"的态度，一旦跨入社会，工作起来一定会把自己的周围弄得一团糟。

如果你多费一点心思，把任何东西都收拾得妥妥当当，做任何事情都有头有尾，当你以后继续时能很容易地再把东西找出来，这不知道要省去多少麻烦与苦恼，不知道要节省多少时间和精力。有些人常常不明白自己失败的原因，其实，他面前的那张写字台已经把原委一五一十地说出来了：桌面上到处是信封和乱纸；各种乱七八糟的物品塞满了抽屉；报架上信纸、文件、报纸、稿件和便条堆得混乱不堪，毫无头绪。

我要录用一个秘书，绝不在乎他的推荐人是谁，我最注意的还是他的房间里桌椅家具的摆放。其实，最可靠的证人就是我们身边一切用具的摆设,它们见证了我们的日常习惯。我们的态度、举止、行动、谈吐、服饰、装束、眼神……也无不在说明我们是什么样的人。而且,它们往往会把你失败的原委呈现出来,甚至你自己还不明白,它们就在暗示你了。

千万不要断断续续地经营任何事业。梦里千条路,醒后路一条。这种人也可以毫不客气地称之为"莽汉"或"懒猪"。他们不知道:没有一样事业是动用嘴皮子完成的,要成就事业,需要持之以恒、有条有理、集中心思、不断奋斗!

创业须谨慎

有一位百万富商看到一个青年手里有一万元资本,就劝他自己去创业。

显然在那位富商看来,用一万元资本做一点小生意实属易事,但是青年究竟应不应该听这样的劝告呢?

如今商业竞争异常激烈,几家大公司、大托拉斯垄断着各行各业的生意,到处是兼并和收购,有如大鱼吃小鱼,结果是贫富悬殊,两极分化严重。所以,我奉劝那些对成功没有十足把握的青年,先不要拿他们那有限的资金去孤注一掷。

仅有意志坚强和胆大心细尚嫌不够,如果那个青年还不具备创业所需的卓越能力——要知道,这些品质并不是每个青年都具备的——那么他要想自己开创事业,要想获得成功,要想在激烈竞争中立于不败之地,的确不是一件容易的事。

不少人在毫无把握的情况下开始独立经商,他们确实做到了刻苦耐劳、埋头苦干,但每月收入可能还不及那些做职员的。这还没有把自己做老板时惟恐失败、提心吊胆的心理压力考虑在内。

许多雇员在大公司、大商行里工作,其实生活得很舒适,平日出入也有豪华的私人汽车,其中有些人还添置了许多房产。许多创业者的生活实在还不如他们优越。据统计,单是纽约市年薪在两万五千美元以上的雇员就有两千人之多。

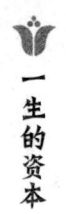

要想在这种情形下去创办自己的事业，的确是非常危险。如今，资本有限的小企业、小商家，每年不知要倒闭多少。各大公司商场无不奉行垄断。如果在大城市里，大百货公司几乎经营一切日常用品，小商店自然就生意冷清。

　　例如，在百货公司里设书报部十分便利。只要划出一个地方来设立图书部，无论房租或装修费用、人工费用，都比专门的店面便宜不少。而且大公司往往是代销性质，可以将那些卖不出去的书退回出版公司。而那些专营图书的书店就不同了，他们得专门去租一间像样的门面，花一大笔钱来装修橱窗和书架的摆设。职员又不可太少，从营业员到主管、到财务、到经理都不可缺少。即便销路不好的书也不得不摆在架上，因为所售图书都是自己经营的。所进图书实在没有销路（每家出版社都有许多种），只好硬着头皮赔本，不像百货公司那样可以退货。不仅图书如此，药品和其他商品也都一样。那么，顾客呢？他们不会仅为了几件东西跑去专门的商店，而是喜欢到方便的地方。

　　几年前，纽约有一家生意非常红火的专售英国登特牌手套的小商店，但是，后来另一家大公司利用雄厚的财力与英国登特公司签订了合同，实行包销。结果，那家小商店的货物来源从此完全断绝，不久只能关门大吉。在社会上，这种例子真是不计其数。凡是明智的商人，都应对此明察秋毫。

　　我还真不敢贸然劝青年现在就去独立创业，尤其是在吞并形势愈演愈烈的今天。

　　对几家大公司来说，每年投入的广告费就远远超过几家小商行的全部资产。如今开店，广告费数目就相当可观。那些百货公司为了把橱窗装饰得富丽堂皇，不惜为之花高价，以吸引过路人都来消费、观赏。这些大商家为了要赢得顾客的欢心，更备有最豪华的走廊、舒适的休息室和客栈，饭店也都装饰得富丽堂皇。但那些只有小额资本的商人呢？也许他们的全部资产只抵得了大百货公司的一个橱窗而已，这又如何谈得上"竞争"呢？

但是这里我要声明一下，我无意打消有志青年们的创业意愿，恰恰相反，只要他们有足够的勇气和把握，我非常赞成他们独立经营一番大事业。但我实在有些替他们担心，我见过了太多的创业失败者，希望他们创业时要特别谨慎小心。

如果一个青年已经决心要独立经营某种事业的话，我劝他事先再对环境和自身的条件好好考虑一番。对于有志创业的青年，一定要把你自身的条件好好地考虑一下。如果你有志经营零售商店，那么最好先研究一下其他百货公司的业务和管理。你最好能与其中的一个营业员聊聊，也许他会对你说，以前他也开过小商店，但在同大百货公司的竞争中败下阵来。其实，这种最后不得不到大公司做雇员的创业失败者比比皆是。

青年为了提高自己的社会地位，为了不总是屈居人下，为了能够独立自主地生活，而准备动手创业，这无可非议，但他非得有长远的眼光、广阔的胸襟不可。面对经营不利、入不敷出的情形时，他要努力使收支平衡。面对一切潜在的危机和困难，他必须克服困难，努力奋斗，渡过难关。在生意清淡、市场萧条时，他更要竭尽全力支撑，安然过渡。他更要立下决心，面对任何艰难险阻都决不退缩；绝不心存欺骗出售任何商品；千万不为图虚名而胡乱挥霍，每笔支出都要花在刀刃上。只有坚持这样做，他才能够成功。

其实，经商是最了不起的教育。惟有经商，才能训练出一个

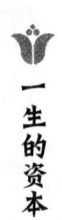

目光敏锐、头脑清晰、能够完全自立自助的人。

一个准备独立创业的人，他应该完全信赖自己，完全依靠自己，自己拯救自己。如果他不能做到这一点，他最好还是去为别人打工。

只靠薪水维持生活、总是依赖他人的人，最容易耗尽自己潜在的才能。因为他得不到全面发展自己的机会，处处受到老板的管束，而只有在事业上、行动上、思想上、言论上都有自由的人，才有进步的可能。

那是一种木偶式的生活：受人管束，受雇于人。他无须自己去考虑问题，不动用自己的脑子去研究对策，去设计方案。他每天只要依照上司的命令去做，在规定的时间坐在办公室里就可以了。这种人只开发了他所有能力的一小部分，他根本无法全面发展自己。自己企业的业务情况他不用考虑，更无须设想将自己的精力和资本投放到什么地方去，他也用不着想怎样去把握好的商机，所以也就谈不上什么发展了。

我对青年们说要独立创业，主要是希望他们能通过独立经营，多学些实用的知识，并把自身的各种潜能完全开发出来。我并非希望他们去赚多少钱。

你见过这样情况吗？许多人在做普通雇员的时候，各方面的发展潜能丝毫没有流露出来；但当这些人自己创业时，其智慧和能力好像突然间有了突飞猛进的发展。

一个想独立创业的青年，如果手里只有一笔小本钱，或者几乎一点本钱都没有，那么对他来说创业这件事情就是非常困难的。他必须养成良好的判断力，必须集中自己所有的力量，必须充分地准备好，必须把全部的精力集中在最有效的途径上。

只有小额资本的创业青年也有许多有利的方面：资本额愈小，对机会也就愈加注意。所以，他可以抓住很多难得而细微的机会，很快发展起来，使自己的资本得以迅速积累。以小额资本起家的年轻人往往还容易养成精打细算、谨慎小心的好习惯，不会贸然干风险特别大的事情。这种以小额资本起家的创业者，无时无刻不在集中自己的勇气、精力和决心向前进步。通常，一个创业青年对自己的每一分钱都特别看重，都想把它用在刀刃上。比如，一个在前线作战的士兵对他仅有的一点子弹一定极其珍贵，他也一定想做到每发必中。一个刚刚创业的年轻人当然应该把一分钱掰成两半花。

在未达到成功以前，他往往把自己的那点微小的资本看得重于生命，简直比百万富翁对自己所有的家产还要珍惜。

而且，一个能自立自助的人，谁都愿意帮助他。看见他那样辛勤耕耘，那样能吃苦耐劳，谁都会对他肃然起敬，都会替他免费宣传，都愿意去照顾他的生意。

如果一个年轻人有强烈的成功愿望，更有令人佩服的才能，精通商业上的种种技巧和做法，对货源组织和进货管理也很有经验，并且为人诚实守信，善于精打细算，做事又刻苦努力，那么即使他没有一点金钱资本，即使他常常遇到各种困难，但实际上他已经具备了成功的条件。

最艰苦而又最实用的教育就是经商，与所有大专院校、高等学府的教育相比，经商更难求得进步。作为一个商人，如果不肯把所有的精力倾注到自己的事业上，并且以坚忍不拔的意志坚持到底，那么他是很难获得出色业绩的。所以说，商场是一所最能培养出卓越人才的伟大学校！

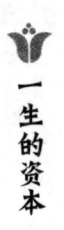

切勿举债

如果只要借得到一笔资本，你觉得就可以创业了，那你就完全想错了。因为根据我的经验，很少有哪个没有任何商业经验的青年能靠借来的钱做成大生意。实际上，即使你已经借到了资本，你也不见得会创业成功。

一个毫无成功把握的青年去创业，肯定会遇到经济困难。但是，如果他的确有十足的把握和相当能力，这就已经无形中在别人面前树立了信用，那么即使他是靠借来的本钱创业，也没有太大关系。

一个立意要创业的人，首先必须熟悉所要从事的业务内容的详细情形；其次，还要有挑选录用合格雇员的眼光。如果你在挑选录用员工方面不加区别，对于所要经营的事业毫无头绪，那么即使你待人很诚恳，做事很忠诚，当你为了你的创业资本向别人开口借钱时，别人也会毫不犹豫地一口回绝。

当你准备创业时，开始规模小些并没关系，最好不要想一下把事情做大，只要你的确是一个能干、杰出的人，经过一段时间的筹划经营后，事业自然会有不错的进展。

"你得像逃避魔鬼一样避免借债。"比彻如此教导他的儿子。青年要下定决心，无论你怎样急需金钱，也不要让你的名字出现在人家的账簿上！

富兰克林有句话说得非常好："借钱等于自寻苦恼。"是啊，法庭上每天有多少民事纠纷案可以为这句话作证啊。

当然也有例外，这句话并不适用于所有的情形。当祸从天降时，当一个人因为意外事件而陷入困境时，想要避免它，任何人都难以仅凭借一己之力。即使是你信心满满的事业也难免遇到阻力和困难，无论你如何小心谨慎，无论你怎样不喜欢向别人借钱，无论你的思路怎样正确，为了稳住阵脚，渡过难关，你都必须硬着头皮去向银行贷款。即使到了那时，你也要谨记一条："慢借快还。"

这一原则也适用于生意上的放账和借款。实际上放账和借款都在所难免，但你在两个方面都得有所节制。

一些年轻人因为大意，常常因为不立书面的凭据而纠缠于许多纠纷，这会使他们在道德与精神上受到极大的伤害，而且还会使他们的前途蒙上阴影。

一个走上生活正轨、沿着事业的康庄大道大步向前的青年，首先要在自己的才能和意愿之间营建恰当的平衡。不要因为眼光太高，野心太大，便走上了举债经营的道路。牢记这句话："尽可能地避免举债。"

因为举债而遭到了意外的失败，每天都有很多本来大有前途的年轻人遇到这样的事。他们原先也许特别看重名誉，也从不喜欢到处举债，那时他们的前途一片光明。当他们刚步入社会时，也许还没有染上举债这种恶习。但后来因为一点小小的意外开启了借债的大门，之后便逐渐陷入了危险境地。

与战争而死的人相比，每年因债务纠纷而丧生的人要多出数十倍。在现代二十个天才人物中，竟有七个人因举债而丢掉了性命，包括一位学者、一位小说家、两位政界名人、两位法学家和一位演讲天才。

美国的斯蒂芬森的小心谨慎，人所共知，人皆敬仰；但是他在描述自己理想的生活时，还希望自己不要陷入借债的陷阱中去。

斯蒂芬森说："平时应该量入为出，对他人我们必须示以友爱和忠诚，对自己的家庭我们应该尽力营造快乐的气氛。对朋友，如果遇到蛮不讲理的，还是远远避开为好。必须竭力避免仇恨，当然也绝不可忍受无谓的屈辱——这是通向理想生活的捷径。"

纽维尔·希里斯博士也说："要维护自己良好的声誉，必须遵守一条规则：赚得多，花得少，才能使自己过上一种安稳的生活。"仿佛没有什么比举债更需要人们严加防范的了，尤其是在当今到处布满陷阱的社会。

有的青年因为看不到举债背后所隐藏着的危险，所以喜欢向人借钱。如果他们考虑到万一不能还清债务的严重后果：包括迫不得已撒谎、丧失人格、营私舞弊、为躲债而东躲西藏等，不知道他们要急成什么样子。如果他们看到自己戴上债务的手铐难以挣扎的情形，一定会喊出来："宁可穷苦而死，也不做债务的奴隶。"

这个世界上最苦恼不过的事情就是负债。只有那些因债务缠身、每日受着债主的催逼、因债务而吃尽苦头的人，才知道人生的最大威胁乃是负债。债务会把一个人的体力、人格、精神、志趣、气魄消磨得干干净净。债务对人的压迫，就是把一个人一生的希望全部毁灭。

与时俱进储备知识

有许多人终生处在极其平庸的职位上,虽然他们的天赋很高,却永无出人头地的一天,这是什么原因呢?原来他们不求进步,在工作中,他们眼里只有薪水。尽管他们的资质很好,但是没能得到好的培养和发展,因此,他们毫无前途。

就像没有受过培训的职工不能胜任技术性工作一样,一些人由于所受教育不够,做起事情来困难重重。

一个人的知识储备愈多,才能愈多,生活就愈充实。

知识就是力量。无论薪水多么微薄,你应去获取一些有价值的知识,时时去读一些书,这将对你的事业提供很大的帮助。一些商店里的学徒和公司里的小职员,他们尽管薪水微薄,但是工作却很刻苦,尤其可贵的是,一有空闲,他们就买了书来自修,以增进知识储备。或是晚上或是周末,到补习学校里去进修。

我认识一个年轻人,他在家的时间比外出的时间要少得多,有时坐轮船,有时乘火车,他总是随身带着一包书籍,无论到什么地方,都能随时阅读。他常带的书籍有函授学校的功课,或者经典著作的缩写本。零碎时间一般人都浪费了,但他都能用来阅读。结果,他成为了一个学识渊博的人,对于文学、历史、科学以及其他一些学科,都很有见识。

就是因为善于利用零碎时间,那个年轻人拥有了自己的事业。但是,大多数人却在浪费自己宝贵的零碎时间,甚至在宝贵的时间里做有害身心的事情。

随时要求进步、自强不息的精神，是一个人卓越不凡的特质，更是一个人成功的征兆。

从一个青年怎样利用他的零碎时间，就可以看出他的未来。

对于一个人来说，人类历史上教育的价值之高，莫过于今天。今天的社会中，生活更显艰难，竞争异常激烈，所以益发要求人们善加利用时间，来增进自己的知识。

想在顷刻之间成就丰功伟绩，这是许多人最大的弱点。这当然是不可能的。其实，任何事情都是渐变的，只有一步一步地增进知识，持之以恒，才有助于一个人最后功成名就。

有的人会这样想，他所得的薪水相当微薄，即使省吃俭用也绝不会富裕。同样，他们也不会利用有限的零碎时间去读书，以为不会得到多大的学识和成就。可事实恰恰相反，许多利用空闲时间去学习的人，也一样达到了大学教育的程度。

大部分的年轻人无意多思考、多读书，无意在杂志、报纸、书本当中尽量汲取各种宝贵的知识，而是把时间虚掷在无所谓的事情上，这着实让人痛心、可惜。他们不明白，知识无价，能使人们获得无限的财富。

现在是商业时代。好多拥有某种专业技能的人常常显得气度狭小，他们这种仅在技术方面片面发展的做法是非常不明智的。

人在各方面能力的发展都符合一个规律：不进则退。作为一个商人，他在工作上往往会得到多方面的历练，所以他具有很强的办事能力和丰富的常识，这一点远非那些专门的技术人员所能比拟的。幸运的是，现在的大多数毕业生都喜欢到商场去奋斗，虽然存在专业偏差，但在工作中他们却受到了不断的磨炼。

到了今天，随着人类文明的进步，各国的商业都有了突飞猛进的发展。在一个世纪前，经商还是被人瞧不起的职业，但如今商业地位提高，其重要性堪称三百六十行的第一行。

要投身商业，要在商场中获得成功，那些庸庸碌碌、不学无术的人要比学识渊博、经验丰富的人成功几率小得多。当然，一个人在开始经商之前，所做的准备越充分越好，具有的经验也越多越好。

有位商界的杰出人物说："我的所有职员都是从最基层做起的，然后不断晋升。俗话说：'对工作有利的，就对自己有利。'在开始工作时，任何一个年轻人如果能记住这句话，他的前途一定不可限量。凡能通过我们的考试，并为公司所录用的青年，只要自己肯努力，都可以晋升到不错的位置。"

一个刚跨入社会的年轻人随着自己地位的逐渐晋升，一定有很多的机会从各方面来学做事情，也有机会通晓每件事的精髓。假如他能抓住这些珍贵的机会，那么他迟早能获得成功。

企业家们最渴求的就是那些反应敏捷、肯用功、意志坚定、头脑清晰的年轻人，因为这种人做起事来，总是想方设法把事情做得尽善尽美。一个熟悉商业、经验丰富的青年，在商界必定大放异彩。

一个初涉商界的年轻人要注意商业的门道，要时时思考，而且一定要研究得十分透彻。在这一方面，千万不能疏忽大意。即使有些事情看起来微不足道，但也要仔细地观察；有些事情虽然困难险阻，但也要努力去探究清楚。如果能做到这一点，那事业发展中的一切障碍，都可以扫除干净。

一个未来的成功者、胜利者一定会事无巨细地去悉数解决、

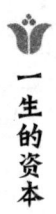

征服，不畏艰难、勇往直前地去做。经常有许多年轻人，做起事来总是喜欢避繁就简，用逃避的态度对待做事过程中遇到的麻烦、困难、乏味的部分。这好比要占领敌军阵地的士兵，不愿作出牺牲去破坏敌人的炮台堡垒，结果必定被敌人的炮火打得遍体鳞伤。

有一句格言是无数可怜的失败者的真实写照。它说："准备不足，终至失败。"有些人虽然肯牺牲、肯努力，但由于他们事先准备不足，以致一生达不到目的地，实现不了成功的梦想。

在很多职业中介机构的名录里，登记着无数身强力壮、受过教育的失业者的名字。其中的大部分人是本来就没有深厚的根基，后来又没能下定决心去不断积累充实，工作上也是马马虎虎、敷衍了事。试问，有谁愿意与这种人合作呢？他能做好哪一件事呢？这些人因为缺少进一步发展的能力，总是被人超越，最后丢掉了原有的饭碗。

在华盛顿的国家工商专利管理局中，有一些人拿着许多尚需改进、还无法应用的产品去注册专利。这真是遗憾，虽然这些"发明家"有发明的天赋，但缺乏长远的眼光，也不能对他那尚嫌粗糙的发明加以改进。倘若他们以前能立志钻研艰深的学问，能勤学不厌，就不会像今天这样，使自己一生的心血功败垂成。

"一个心不在焉的人，即使穿过森林也不会看到一棵树。"这是西班牙的一句俗话。这个比喻十分贴切。对于手上的工作或眼前的事物，很多人都是心不在焉。那些不求上进的人与好学善思的人相比，要差"十万八千里"。有些青年做事时心不在焉、敷衍了事，从不思考，也从不留心任何他所经手的事务。即使已经在一家商店里工作多年，对于零售业仍然一窍不通。但那些精明能干、善于思考的年轻人，只需要两三个月的时间，便能精通商店里的各种业务。

我的一位朋友最初在一家律师事务供职，三年后虽然没有获得晋升，但他却把律师事务所中的所有工作都学会了，同时还拿到了一个业余法律进修学院的毕业证书。我还有不少在律师事务所里工作的朋友，以时间论他们的资格已经很老了，可是他们却收获甚微，领着低微的薪金，仍然做着平庸的工作。两相比较，同样是年轻人，前者因为注意学习、立志坚定、仔细谨慎，并能利用业余时间自己深造，终于获得成功；后者却恰恰相反，所以也难有出头之日。

一个前途光明的年轻人随时随地都注意锻炼自己的工作能力，对重要的东西一定要问个究竟；任何事情他都想做得比别人更好；对于一切接触到的事物，他都能留意研究、细心观察。他也能随时随地把握机会来学习、锻炼、研究。他更看重与自己前途有关的学习机会，在他看来，积累知识要远胜于积累金钱。

即使极小的事情，他也认为有学好的必要；他随时随地都注意学习做事的方法和待人接物的技巧；对于任何做事的方法，他都要详细考察，琢磨诀窍。而他也因为学习知识、积累经验与磨炼能力，对工作充满了兴趣。如果他把所有这些都学会了，他所获得的内在财富要比那有限的薪水不知要高出多少倍。

我曾经聘用过一位年轻人，他有很多优点，比如充满热忱、为人忠厚，也能恪守工作时间，从不偷懒。但他反应迟

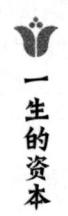

钝，像一头埋头拉磨的驴一样，只知工作不知学习，也从来不注意学习掌握新的知识、新的思想。所以只能做原先的工作，却不能获得升迁。

我还聘用过其他年轻人，有几个人随时随地专心学习，时时注意身旁的事务，处处留心积累经验，他们能把自己的机构当做一所不断学习的学校。由于他们的刻苦磨炼、努力钻研，因此进步神速，成绩突出。

那些才识过人的青年习惯利用晚上的空闲时间，来研究白天的所见所闻所思。经过这一番整理、思考、分析，他们从中得到的益处，也要比白天工作所获的薪水高出无数倍。他们明白，他们将来成功的基础正是从工作中积累的学识，而这也将是他们一生最宝贵的财富。

很多人在抱怨运气不好、薪水太低、怀才不遇，但他们不知道，其实他们正身处一所可以积累经验、获取知识的大学里。他们日后能取得怎样的成就，都取决于今日学习的态度和效率。

执行计划要迅速

每个人一生中,都有种种的理想、种种的憧憬、种种的计划,如果我们能够将这一切的理想、憧憬与计划,迅速地执行下去,那么我们在事业上将取得惊人的成就。然而,人们往往有了好的计划后,一味地拖延,而不是迅速地执行,以致让最初的热情冷却,使理想渐趋于无,使计划最后破灭。

希腊神话里讲,智慧女神雅典娜某一天突然从主神宙斯的头里面一跃而出,跃出之时雅典娜衣冠整齐,毫不凌乱。同样,有效的计划、高尚的理想、宏伟的幻想,也是在某一瞬间从一个人的头脑中跃出的,这些想法刚出现的时候也是很完整的。但有拖延恶习的人不去使之实现,迟迟不去执行,总想留待将来去做。他们是缺乏意志力的弱者。而那些有能力并且意志坚强的人,往往趁热打铁,把理想一一实现。

"昨日有昨日的事,今日有今日的事,明日有明日的事。"每天有每天的理想和决断。今日应该去决断今日的理想,今日事今日毕,一定不要拖延到明日,因为明日还有新的理想与新的决断。

拖延会消耗人的创造力,往往会妨碍人们做事。缺乏自信与过分的谨慎,两者都是做事的大忌。在热忱消退后去做一件事与有热忱的时候去做一件事,其中的难易苦乐有天壤之别。在热情消退后,再去做那件事,往往是一种痛苦,也不易办成。趁着热

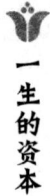

忧最高的时候做一件事情，往往是一种乐趣，也是比较容易的。

把今日的事情拖延到明日去做，实际上是很不应该的。今天的事情非得留到以后去做，这种拖延所耗去的时间和精力，就足以把今日的工作做好。所以，有些事情及时去做会感到快乐、有趣，如果拖延了几个星期再去做，便感到痛苦、艰辛了。比如写信就是一例，一收到来信就回复，是最容易的，但如果一再拖延，那封信就不容易回复了。因此，许多大公司都规定，所有的商业信函必须当天回复，不能拖延到第二天。

命运非常奇妙，好的机会往往稍纵即逝，有如昙花一现。如果当时不善加利用，错过之后就不再来了。

决断好了的事情拖着不去做，我们的品格往往也会因此而受到不良影响。惟有按照既定计划去执行的人，才能使他人景仰佩服。其实，做大事的决心人人都能下，但只有少数人在执行过程中能够一以贯之，而也只有这少数人是最后的成功者。

当一个作家脑海中突然闪现出一个生动而强烈的意念时，他就会产生一种不可遏制的冲动，要把那意念记在白纸上，他提起笔便开始写。但如果他那时因为有些不便，无暇执笔来写，而一拖再拖，那么，那意念慢慢就会变得模糊涣散，最后就会完全从他头脑里消失。

一个艺术家的脑海里突然产生一个灵感，迅速得如同闪电一般。如果他拖延着，不愿在当时动笔，那么过了很长时间后，即使再想画，那留在他脑海里的好作品或许早已消失了。如果他即刻把幻想描画在纸上，必定有意外的收获。

应该及时抓住灵感，因为灵感来得快去得也快，所以要趁热打铁，立即展开行动。

更坏的是，拖延有时会造成悲惨的结局。恺撒将军只延迟了片刻，他因为接到报告后没有立即阅读，结果竟丢掉自己的性命。屈雷顿的司令雷尔叫人送信向恺撒报告，华盛顿已经率领军队渡过了特拉华河。当时恺撒正在和朋友们玩牌，当信使把信送给他时，他就随手把那封信放在自己的口袋里，等玩完牌后再去阅读。读完信，他情知大事不妙，等他去召集军队的时候，已经太晚了。最后全军被俘，连他自己也命丧敌人之手。

没有别的什么习惯，比拖延更能使人懈怠、削弱人们做事的能力。

没有别的什么习惯，比拖延更为有害。

有的人讳疾忌医，不仅身体上要受极大的痛苦，而且病情可能会进一步恶化，终于不治而亡。

受到拖延引诱的时候，要振作精神，绝不要去做最容易的，而要去做最难的，并且坚持做下去。人应该极力避免养成拖延的恶习，这样，才能克服拖延的恶习。拖延是最可怕的敌人，它会败坏人的品格。它是时间的窃贼，还会破坏好的机会，劫夺人的自由，使人成为它的奴隶。

要知道，多拖延一分，工作就难做一分。惟一能够医治拖延的办法就是立即动手去做自己的工作。

只有"立即行动"，才能将人们从拖延的恶习中拯救出来。"立即行动"，这是一个成功者的格言。

明智的老板

很难找到一个称心如意的助手,一些老板经常这样抱怨。报纸杂志上登满了他们的招聘广告,他们四处去搜寻、探问,但他们仍旧找不到一个称心如意的"好助手"、"好秘书"、"好打字员"以及其他"好雇员"。这些雇主大都太过骄傲,他们往往自视甚高,脾气又不大好,有时一天要发几次脾气。所以,任何雇员在他们的手下做事,整天都要忍受老板的粗声恶语、指责和辱骂,而且绝不会有快乐的一刻。同时,这些老板还往往不许雇员辩护和申述,假如雇员敢说半个不字,就将受到严厉的报复与惩罚,甚至将其辞退。

在这种老板眼里,一个雇员与奴隶无疑。他每月只给雇员仅够维持生活的最低的工资,却要从早到晚控制雇员的自由与时间。要求雇员这样做,雇员就不能那样做,好像使唤牛马一样。这种老板绝不允许雇员有主见,也不让雇员有进修和发展的机会。在他眼里,雇员为了老板的利益似乎该把自己的功名、幸福、精力、欲望、家庭等全牺牲掉。

一个雇主想把一个雇员所有的技能、体力、智慧、忠诚一股脑儿全部买下来,付出的只是一点微薄的工资,再也没有任何其他精神上或物质上的奖励或安慰,竟然还希望雇员在目前的位置上能够做事迅速,反应敏捷,工作得十全十美;竟然希望能点滴不留地榨干雇员生来所有的才能;竟然希望将雇员那光辉灿烂的全部前程收买——这些想法多么荒诞不经！

　　我根据多年的处事经验，深知不明智的老板和明智的老板实在是有天壤之别。一个明智的老板对自己员工的天赋才能无不熟知，他能通过用巧妙的方法把这些才能为他所用。这种方法就是以自己为榜样，因为人们都有这样一种特点，那就是对外来的刺激任何人都容易作出相应的反应。比如，当别人对我们笑容可掬时，我们肯定也是报之以笑容可掬；同样，当我们对别人表示愤怒、批评、指责、轻视时，我们从别人那里所获得的反应也一样。因此，你的雇员对你的态度怎样，要看你对他的态度如何。

　　的确，有许多在职的雇员不愿意在职务上负责，但实际上他们也许是想尽职、很愿意做好的人。我们常常看到这样的例子，许多被原来企业辞退的雇员，他们的确在很多方面存在缺点，比如与上司吵架，常常发脾气，不肯服从命令等。但是，当这些雇员到了另一家企业，却往往能胜任很高的职务，承担起很大的职责。我同样见过很多这样的情况，在甲商行被视为毫无才能、一无是处的职员，到了乙商行却完全不同了，竟然任何事情都完成得非常出色。这倒不是因为他们被辞退后幡然悔悟，而是因为新的企业、新的老板对待他的方式完全不同。以前的老板从来不尊重他们，不信任他们，只肯给他们最低的待遇，还常常训斥他们。但现在新的老板的态度却恰恰相反，很重视他们，处处信任他们，给予他们优厚的待遇，还时时对他们表示关心，表现出色时还会给他们以恰到好处的鼓励。在这样的情况下，雇员当然能发挥得更好。

　　就是因为很多雇主对雇员的待遇、条件过于苛刻了，对雇员过于冷酷了，所以无法充分利用雇员们的才能。冷酷的态度、苛刻的条件，只会降低雇员的忠诚。

同样一件工作，全力以赴和敷衍塞责，其业绩会有天壤之别！其实，一切事业成败的症结都在这里。

当一个雇主对下属无情无义，要求又过于苛刻，那么他的雇员一定是以应付的态度工作；而会让员工动脑筋工作的雇主一定是一个对下属和蔼亲切、宽宏大度的人。

一个明智的老板时时还要使雇员们知道：老板只是他们的一个同事、一个朋友，一个与他们真诚合作、紧密团结的人，不会把他们当机器使用。他还会让雇员们知道，他对他们手头的工作很感兴趣，他对他们寄予厚望。

一个明智的雇主所雇佣的雇员，会与雇主同舟共济，他也一定会发挥自己所有的能力和潜力来帮助雇主，向着目标前进。这种劳资关系，不仅有利于劳资双方，对社会也十分有益。

与此相反，那些态度顽固、要求苛刻的雇主只能雇到几个敷衍了事、做事马虎的员工。从雇员那里他绝不可能得到哪怕一条对他有益的建议。雇员绝不会告诉他应该如何改进他的营业，更不会关心他事业的成败。甚至当雇员们看见他失败或破产时，还要庆贺一番。对雇员来说，这里倒闭自可到他处工作，但雇主必定会从此一蹶不振。

在那种工作环境中，一个雇员会堕落到怎样的程度？结果将使你大为吃惊。他简直会成为一个没有脑子、毫无思想的机器人，他几乎什么都不会，除了会动动手、迈迈脚。

世界上有太多的雇主都没想到，他们事业的成败盛衰竟然完全系于雇员之手。他们竟荒唐地认为，要想解决一切问题，只需动用一张毫无感情的合同。这些雇主认为雇员的忠诚与效力可以像普通的商品那样通过金钱买卖，他们只知道自己已经付出了一笔可观的薪水了，至于雇员本身有什么要求、愿望和福利，一概都不加以关心。

在美国东部的一个城市里，有一位大老板以自己能以最少的工资去最大限度地榨干工人们的血汗而感到骄傲。有一个还不到二十岁的年轻人在一家磨坊里做监工，每年只拿一万美元的薪水。但他常常对人夸耀说，他能使工人拿一份工资却做两份工作，这也就是他年纪轻轻就能做上监工的原因。他使出了所有的卑劣手法去对待那批悲苦的工人，因为他想使工人们夜以继日地劳动。如果工人们稍事休息，他就严加斥责，辱骂他们是饭桶。

这样的雇主一定会自作自受、得不偿失。因为这种做法是不合适的，无论是从人道的角度、还是从雇主自身利益的角度来讲，都是非常糟糕的。苛责虐待的结果必定使得雇员闷闷不乐、心情沮丧，这样，他们做起事来必然都很勉强，工作业绩也就可想而知了。

无论什么雇员，他们都可以从你对待他们的态度中，看出你是否只把他们当做一部机器——需要时就用，不需要时就一脚踢开；看出你是不是真的关心他们、体谅他们。

雇主以雇员的利益为基础，才能实现自己的最大利益；同样，雇员的利益也要建立在雇主利益的基础上，两者结合紧密，绝对不可分离。一个雇主如果能得到一个得力的雇员，相当于平

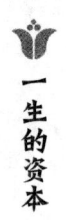

添了一笔巨大的资本,做起事来如虎添翼;一个雇员如果想赚得更多的薪水,那么无疑也会帮助雇主想主意、发展生意。

不良的态度,会给雇主造成难以想像的损失。很多雇主没有注意到:有时几句诚恳的赞美之词,竟然对增进雇员的工作兴趣与忠诚起到意想不到的作用;反过来也一样,埋怨与不满、看不起员工,会使雇员感到心灰意冷,从此再也没有心思努力工作。

当雇员接受了雇主所给予的优厚的待遇时,雇员必然觉得应该尽自己的职责,处处想办法节省原料,抓紧时间,做起事也必定会随时随地考虑到雇主的利益。他会在工作上竭尽全力,努力使雇主的业务得到更好的发展。

有不少雇主非常吝惜他们的赞美和奖励,他们的理由竟然是:一旦一个工作充满干劲的人被夸奖,难免会骄傲起来,甚至开始产生怠惰。他们真是太不理解人心了,这真是大错特错。实际上,每个人都需要夸奖赞美。我们只要看一下那些得到雇主的优遇、赞美的雇员纷纷努力工作的情形,就能明白那种见解其谬大矣。

你如果想要使雇员们竭力工作,一定要懂得如何去激励员工。一个雇主如果对雇员流露出一点不信任的态度和怀疑的情绪,就会使那些对你极有帮助的人也开始变得心灰意冷,再也无心为你效力了。

在一个企业里,最容易打消员工的热忱和志气的就是雇主对员工的不信任。如果你不信任员工,那么他们将与你越来越远,也不会再关心你的经营、你的盈亏了。因为你的不信任,他们对工作的兴趣可能完全丧失,只要下班的时间一到,他们就欢喜异常，如出笼的小鸟一样，迅速离开公司。

而那些给雇员以亲切的期望和诚恳的赞美、能够处处体贴雇员、每日都注意增进与雇员间感情的雇主，雇员们当然会深受感动，会把他们全部的智慧、精力都集中在工作上。

工作环境对雇员的工作有可能产生巨大影响，但是不少雇主并不太注意它。对于青年雇员来说，那就更是如此，因为年轻人最容易为老板的言行举止、态度价值、思想行动所同化，也最易受工作环境的影响。所以，如果你自己是一个忠于职守、关心业务、品格优异、学识渊博的人，那么他们也一定会追随着你，一步步地前进。如果你自己是一个守纪律、反应敏捷、做事有条理的人，那么他们一定会逐渐模仿你的样子，把工作做得更好。

反之，如果你遇事总是坐失良机、迟疑不决，做起事既无条理又无耐心，那么你的雇员也一定会受到你的影响，会把你当做他们的榜样。结果，他们也会变得完全和你一样。

如果你采用的手段不光明，你经营企业的办法不正当，你显露出的品格也不够光明磊落，加上你的脾气暴躁，你的行为也常常荒唐透顶，你说的话又多半靠不住，总而言之，你在道德上有种种的缺陷，那么年轻人的父母把孩子送到你的企业来工作、学习，那可真算是倒了霉。由于你的缺陷，那些年轻人的前程都可能因此断送，一生都可能被你的不良品性所玷污，从此再也找不回希望了。

在我们的社会中，有太多年轻人的品行都因受了他们道德卑劣的雇主的影响而丧失殆尽。从这样的雇主那里，年轻人绝对得不到一点点希望。

另外，社会上还有许多劳资纠纷，都是因为劳资双方缺乏了解和彼此失去信任，关系疏远，或是因为双方在权利和义务上没有达到恰当的平衡。如果劳资双方能够及早纠正这些错误，所有纠纷就都不存在了。

避免"落伍"与"过时"

有一则笑话，讲一位士兵自己踩错了步伐，却反说全队的其他士兵都踩错了步伐。

但在我们的商业社会中，这样的士兵并不少见。有很多刻苦努力、积极上进、抱负远大的商人也是如此。他们过于固执己见，从来不肯随着时代的发展学习新的经商方法，不仅如此，还老是说新出的那套东西是华而不实的，只会流行一时。这种愚蠢的观念最后把他们拖到了落后的坟墓里。

我们看到许多跟不上时代的报社已经关门大吉。这些报社不懂得用锌板印制歌曲，不会用最新的编辑方法，也不知道花费一些开支去买电报机；也没想到多花一些钱去约请一些名家做特约撰稿人，写出更好的稿子，来增加销量；请人来做校对，只图薪水便宜，认为水平如何并不重要；大部分新闻都是东拼西凑，以图节省新闻的采访费用。新闻界的一个常识就是：好的新闻要舍得花钱去买，但这些报社竟然认为不值得如此去做。

于是，报纸的销路渐渐变差，商家们看到销量下降，无人问津，也就不再来刊登广告了，到头来报社只好关门大吉。

但其他同行都很明白这些道理，他们知道，任何人都在追求更新更完美的东西，我们的时代一切都在突飞猛进。无论是一份报纸还是一本书，人们都爱买那些不断进步的、能紧跟时代的。商人要做广告，也喜欢送到那些版面新颖、销量最大的报刊那

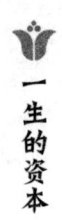

里。你的事业一旦沾染了落后于时代的毛病，就休想再赚一分钱，一切顾客也会立刻抛弃你。

很多教师因为老是抱残守缺，一点也不关心新的文化发展，也不学习新的教学方法。最初的教学成绩本来都不错，但是因为无法跟上时代的步伐，结果就落伍了，也逐渐被人抛弃。

许多律师一直在使用多年前学来的陈旧条文和老的辩论方法，凭这些学问在几十年前也许会大出风头，处处赢得诉讼的胜利；但是，在今天，这些早已不适用了。后来，他们终于大为惊叹，因为那些在律师界还没有多少资历的后生竟然抢走了许多生意。

有些老医生从医科学校毕业后，诊治方法就没变过，于是，他们渐渐黔驴技穷。他们本应该去购置一些新的医疗器械和药品，把自己诊所的门面重新装修一番，但他们舍不得花钱。他们绝不愿抽出一些时间来读读新出版的专业刊物，绝不肯花一些心思去研究、实验种种最新的临床疗法。所以，他们所采用的诊疗方法，往往陈腐不堪，所开出的药品不是见效很慢，就是一些病人都不愿再用的老药品。

他们也没有注意到，在诊所附近又来了一位年轻的医生。他所开的药方上是新近发明的药品，他所读的专业书报也都是最新出版的，他拥有最新、最完备的医疗设备。同时，他的诊所装潢得新颖美观，病人一进去就感到心情愉悦、舒畅。于是，年轻医生的生意越来越火，老医生的生意逐渐都跑到年轻医生那里去了。这些老医生失败的原因就在于不思进取，跟不上时代的发展。等到老医生发现这些时，想要作出改变已经晚了！

有许多大画家享誉世界，后来只因为他们作画的方法太陈腐了，又不肯再去学些新的技巧，所以，当别人都看得厌烦了，也就无人问津了。

一个只知按照祖辈的老方法种地的人不会收获更好的收成，绝不会再有进步。他既没有注意化学肥料的功用，又不考虑去买些新发明的农具，尽管他辛勤耕耘、起早摸黑，但到头来只能解决温饱。但他附近那些善于学习的明智农夫就大不一样了。他们用新的农具、新的耕作方法，所以事半功倍。他们的日子过得愈加舒适，而且还有时间学习一些最新的农业知识。

> 我认识的一位老画家，他作画时力求完美，精益求精，在绘画上造诣精深、远近闻名。起初，他的画的确负有盛名，得到人们的普遍赞誉。那些细微的地方也画得极其工整，惟妙惟肖。他对别人说，他画中种种细微的地方，即便拿放大镜来仔细察看，也没有一点瑕疵。但是到了后来，印象派开始兴起了，野兽派出现了，未来派也随之崛起。但这位老画家却不肯去研究这些画派，不仅如此，他还说他们粗陋浅薄。结果，由于没有跟上时代的变化发展，他的画终于放上了古董画的画架，也没有人再去请教他了。这位老画家的生活每况愈下，最后在穷困潦倒中离开了人世。

继续采用那些被人抛弃的旧方法的，通常都是那些一味朝后看、故步自封的人。他们终有一天会承认，由于自己观念保守、思想陈腐，整个人像患了半身不遂之症，几乎动弹不了。他们当然也会看到，那些时时保持进取的姿态、具有敢于独创的勇气、永远跑在时代最前沿的人，一个个都走向了成功。

在这样一个年代，任何年轻人要经营一种生意、一种事业，都应该时时跑到其他的机构、企业、工厂、商店去参观，看看人家在采用什么样的有效方法。这样，他可能一眼就会明白，自己所采用的很多种陈旧的经营方法、机械设备等早就该被淘汰了。

与那些尽管资格很老、曾经叱咤风云，但思想已经远远落后于时代的人相比，一个紧跟时代的年轻人不知道要强过多少倍。还是以经商为例，以前经商只要行事果决、反应敏捷就一定可以成功，可是现在光有这些条件已经不够了。在现代社会，一个成功的商人必须具有相当的学识，对于各种知识都要非常熟悉。比如国内外的地理、风俗、人情，比如市场调查、会计、统计等，除此之外，他还要有进取的精神、宽阔的胸怀、坚韧的忍耐力和勇往直前的态度。一直用那些早已无效的、过时的商业方法经营，就好像抛弃了火车、汽车、飞机不乘，骑着毛驴赶路一样，必定被时代所弃。

能够适应时代的商人要有清晰的头脑、敏锐的眼光和出色的鉴别能力。他们必须要有一种敏捷、准确的判断力。风云变幻的市场上，一种闻名遐迩的热销出口产品，几年之内也可能成为无人使用的垃圾。一切商品的价格都像大海中的一叶孤舟，涨落起伏不定。

如今一切事业发展的好坏仿佛都可以用"最新"两字来做标准。任何人都应有进取心，都应跟上时代。

一个见多识广、眼光敏锐的人，时时都把注意力放在各种日新月异的新需求上，并把满足这些新的需求作为企业战略决策的依据和企业发展前景的基础。

有些商人在乡下开店多年，却从来不知道花样翻新。店里只出售一些早该淘汰的老古董，顾客上门要这种商品没有，要那种商品也没有，根本无法满足顾客新的需要和口味，最后不得不关门大吉。

　　一个做生意的人应该善于研究顾客的各种需要，要像一个医生研究病人的病因一样努力。

　　如果你的商店里有许多已经过时的旧货卖不出去，不要再让这些旧货占着货架。你要赶紧趁早把它们清理掉，趁早以低价把它们卖掉。

　　一个年轻人要像那些善于烹饪的家庭主妇一样，常常变换新花样，这样才能赶得上这个日新月异的时代。一个年轻人最怕别人说他"落伍"。许多商店就是因为摆了一些过时的商品，结果顾客竟然商店门都不想进，还不断地告诉别人这个商店的落后，如此一来，这家商店就落下了一个"过时"的大名。

　　这些话都是千真万确的，人们大都喜欢逛最流行的商店。比如，你想买一顶帽子，你绝不会想买一顶多年前流行的帽子，你当然最想要一顶现在的流行款式。若是买衣服，道理当然也一样。

　　那些顽固守旧的人永远只会老调重弹，永远把自己关闭在数百年前就早已封闭的城堡里，他们说出来的话仿佛都是18世纪的，做出来的事当然也是很多年前的。一个聪明能干的年轻人最关心时尚潮流的变化和时代的演进，他们与那些墨守成规、故步自封的老店主一起竞争，必定稳操胜券。

　　只有最善于利用自己精力的人，才会迅速地抓住潮流、赶上时代。古往今来，这世上不知有多少人把自己的精力白白地耗费

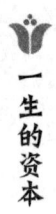

在无谓的守旧工作中，这算得上是人类文明史上最大的损失。

总留恋过去的时光是毫无用处的。对你现在的生活而言，留恋过去毫无帮助。你所要考虑的是如何把时代向前推进。

那些守旧的人好像整天生活在19世纪，他们总觉得今不如昔，现代世界在他们眼里毫无意义，他们还认为时代绝不会再进步了。他们说出了一句自以为很聪明的话，但别人听了却会笑掉大牙。在别人眼里，他们简直成了出土文物。

不要让别人说你是一个"落伍者"。一个有志气的年轻人最要紧的就是赶上时代。年轻人只要跟得上潮流，就会在不知不觉中取到巨大的进步。

由于普遍革新的文化思想、商业上的激烈竞争、科学上的各种发现与发明，今天世界上的任何事物都与十年前大不一样了。如果一个年轻人的所知所思仍然是十年前的东西，那么他应该赶紧找个地方躲起来，因为在现代世界里，根本就没有他的容身之地。

比如说，一个打算经商的年轻人，在十年前他只要会写、会算、会接待顾客就可以了，但现在他非得睁大眼睛来看清更多其他的形势不可。比如他应该随时密切关注时尚流行、社会发展的态势、文化科学等方面的进展。如今这个时代，如果对什么都是一知半解，就难以度日了。一定要对各个方面都有一个全面的了解、深刻的研究，无论想成就什么事业都要这样去做，还要随时注意国内外的大小事件和变故，市场最新行情等。

在今天，货物采购、商品销售都已经成为一种专门的技术，而世界各地的商业集团都处在激烈的市场竞争中。一个目光呆滞、对社会的需要熟视无睹的商人，无论做哪一行都将一败涂地，难成气候。

比如，拿电气行业来说，由于电气业的用途越来越广，其影响面也越来越宽，这一行业已经集中了各方面的精英。所以，现在学电气工程专业的人，也常常需要兼学一些其他知识，就好像50年前学法律、医学的情形一模一样。

倘若你准备做某一行业的领袖，千万不要错失眼前学习各种知识的机会！

今日的青年，与以前相比确实要进步得多，但要想在未来几年的社会竞争中立于不败之地，今天还得不断努力。

无论你是经商的、做工的、行医的，还是当律师的……你都应该永远保持一颗进取心。俗话说得好："人生如逆水行舟，不进则退。"一个人一旦驻足不前，一旦对自己的才能学识感到满足，那么很快他们就将被不断前进的时代抛弃。

惟有振奋精神，充分展现你的才华，不断前进，拿出你的全部力量，不断地汲取知识，不断地思考，不断地观察研究，才能使你一生都不会落后于时代。要知道，一个落后于时代的人在当今社会是无法立足的！

第八章
注重习惯与细节

有位大学问家说过,伟人都拥有两个特质,一个是准时,一个是才能,而后者是前者的必然产物。

"粗心"酿成的惨剧

因为"不小心"而造成生命的损伤、身体的伤害和财物的损失到底有多少，没有人能估算出。正是因为一些小疏忽，房屋倒塌，车辆倾覆，以致造成许多不必要的伤亡。一个烟头会烧毁一个城镇的房屋。人们往往关注大事，却忽略小事，而酿成大祸的常常都是那些小事。铁轨上的一小点儿问题，会酿成严重的车祸，伤害无数无辜的生命。

因疏忽而酿成的大祸非常可怕。比如，商店员工接待顾客时粗心大意或在包扎货物时不小心，会使商店流失顾客和金钱。由于铁路员工的不小心，机车司机或扳道工、机械工的疏忽，会使无数乘客丧命。

法律所不能及的工作上的大意、疏忽造成了世间最大的罪恶；这些"罪恶"尽管不能为法律所制裁，但是其危害程度却大大超过法律包容的限度。因为不小心人类历史上发生了太多的惨剧。因工作疏忽而造成的悲剧也随处可见。许多人就是因工作或生活上的疏忽与轻率，导致了身上的伤残。

无数事例证明，工作上的疏忽，可以断送他人的生命。也就是说，疏忽就等于谋财害命。

一位商人说，在芝加哥，每天因疏忽造成的损失至少在100万美元以上。这真是一个惊人的数字，依此计算，每分钟的损失都是巨大的。芝加哥另一位成功的商人说，他商行里各部门都被稽查人员指出了工作中的种种不当。

在工作中，对工作的忠诚与精确是孪生兄弟，做事精确认真甚至比一个员工所拥有的才华更为重要。

有些人做事总会犯各种各样的错误，仔细看一下就知道，他们要么是注意力不集中，要么是不仔细，还有的是行动马虎和缺乏理智。

所以，做事求精，是年轻人的重要资本。有了这种精神，不仅会被老板器重，也会获得顾客的尊重和信任。

一个家具店的老板，对新来的学徒说："喂，查理，不要在一件工作上多费时间。"家具店的老板一见这个学徒闲下来，就会拿几件工具叫这个学徒修理。不久，这个学徒技艺大有长进，老板便不再让他打杂工，而是派他专门修理家具。老板说："一颗钉子够用的地方，绝不用两颗。一个小时做完的事绝不用两个小时，要不然不划算。"那个学徒对自己要求也很高，不仅仅只满足于"够好"或是"可以"，他每做一件事都竭尽全力，精益求精，做到至善至美。由于他做事认真，几年后，就被提拔为掌管数百名工人的主管。

要想避免那些生命的丧失、身体的伤害以及资产的损失，需要每个人都全心全意、仔细认真地工作。惟有如此，其人格和品质才将会提升到一个新的高度。

做一个有条理的人

　　那些工作没有次序、缺乏条理的商人，总容易因方法的不当，而蒙受极大的损失。对于雇员的工作，他们也不知如何安排；他们不知怎样去有效地安排业务；做起事来，有的地方做过了，有的地方却不及；仓库里有许多不合需求、过时的存货，也不及时清理一下，结果什么东西都乱七八糟。这样的商行，没有理由不失败。

　　在许多工作没有计划和条理的商行里，很多拿着高薪的员工做着极简单的工作，如拆信、给信件分类、寄发传单等。其实，这类工作即使是待遇微薄的职工也一样能够胜任。像这些毫无条理的商行是很难有发展的。

　　对于商行管理过程中如何节约时间与判断职员的能力，只有极少数商人和店主才有充分的研究，大部分商人和店主却不善此道，总不能使工作有条理和系统化，因此很难提高员工的办事效率。其实，不去注意工作上的条理和效率，是经营上最大的失策。

　　一个在商界颇有名气的经纪人，把"做事没有条理"列为许多公司经营失败的一个重要原因。

　　想做事业的人，由于工作没有条理，总会感到自己的人手不够。他们认为，只要人雇佣得多，事情就可以办好了。其实，他们所缺少的是，使工作更有条理、更有效率，而不是更多的员工。由于他们工作没有计划，办事不得当，浪费了大量职员的精力和体力，却一事无成。

没有条理的人，无论做什么事都很难成功；而有条理的人即使才能一般，他的事业也往往有相当的成就。

我认识一个急性子的人，他随时都很忙，不管你在什么时候遇见他。如果想同他说会儿话，他只能拿出几秒钟的时间，时间长一点，他便暗示着他的时间很紧，不停看表。他公司的业务量确实很大，但是花费更大。究其原因，主要是他在工作上毫无条理。他在做事的过程中，也常为杂乱的事务所阻碍。

结果，他总是很忙碌，从来没有时间整理一下自己的东西，即便有了时间，他也不知道该如何去整理、安放。他的事务一团糟，他的办公桌简直就是一个垃圾堆。

这个人工作没有条理，却一味督促职工，他不知如何恰到好处地进行人事管理，也不懂怎么让职工做得有条理些。因此，公司职员们的工作也是混乱不堪、毫无次序，但他还是催促职工做得快些。职员们做起事来，也很随意，有人在旁便好像很认真地做，没有人在旁便敷衍了事。

我还认识一个与他同业的竞争者。在那个竞争者的公司里，所有职员都静静地埋头苦干，各样东西安放得有条不紊，各种事务也安排得井然有序。从来看不到他忙碌的样子，他做事镇静，总是很平静祥和。无论谁有什么难事和他商谈，他总是彬彬有礼。

一有重要的信件他立即回复，并且把信件整理得井井有条。他每晚都会整理自己的办公桌。尽管他经营的规模要大过前述商人百倍，但他管理起来却游刃有余，别人从外表上总看不出他的

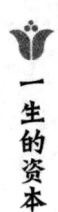

忙乱。他那富有条理、讲求秩序的作风,也影响到了他的职员。他的每个职员,做起事来也都极有次序,绝无杂乱。

因为处理事务有条理,工作有次序,所以,他在办公室里不会因于琐事,不会浪费时间,办事效率极高。从这个角度看,有次序的、做事有条理的人的时间也一定很充足,他的事业也必能依照预定的计划进行。

那种头脑混乱、做事没有条理的人,做什么也不会成功。今天的世界是策划者、思想者的世界。惟有那些办事有条理、有次序的人,才会成功。

养成准时的好习惯

有位大学问家说过,伟人都拥有两个特质,一个是准时,一个是才能,而后者是前者的必然产物。只有珍惜时间的人,才能锻炼自己的能力,才不会浪费时间。

真正成功的人一定有准时的好习惯。一个乘车晚点、做事不准时、付款常延期、约会迟到的人,也就毫无信用可言,更不会赢得别人的信任。当然,这并不代表他是一个不诚实的人,这是"不准时"给他带来的负面影响。

赴每个约会、做每件事都准时的人,一定会给自己争取到更多的机会。每天失去一分钟,实际是给自己带来了一个遭遇不幸的机会。拿破仑说,他之所以能战胜奥地利人,是因为奥地利人不懂五分钟的意义。

在做事时,守时是最重要的。守时的人,无形中就给自己和他人节省了时间。有一次,拿破仑请他的部下吃饭,约定时间已经到了,而将士们一个也没到,他便一个人先吃了。等他吃完后将士们才姗姗来迟,他说:"诸位,午饭时间已过,我们快去办事吧!"

有些年轻人之所以失去了很多晋升的机会,就是因为不准时。刚去世不久的范德比尔特一贯守时。有一次,他与一个青年约好早上10点在自己的办公室见面,然后陪那个青年去见一位火车站站长,接洽铁路上的一个职位。但是那天,青年比约定的

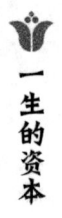

时间晚了20分钟，当青年来到范德比尔特的办公室时，他已经去出席会议了，因此青年没能见到他。过些天，年轻人再见到范德比尔特时，范德比尔特问青年那天为什么没有到，那青年竟说："哎呀，范德比尔特先生，那天我是10点20分来的。"

范德比尔特说："但约定的时间是10点。"那个青年又说："只迟到20分钟，有多大关系呢。"范德比尔特严肃地说："是谁说没关系的？就像这件事，你若能及时赴约，就可能已经得到了你梦想的职位。因为那天你失约，铁路部门已接洽了另一个人。你要清楚，能否准时是一件极其重要的事；另外，你没有资格不尊重我那20分钟的时间，以为我等你20分钟是无关紧要的事情。说句实话，那20分钟，我安排了两个重要的约会。"在范德比尔特眼里，不准时是不能宽恕的罪行。

已故的摩根先生告诉一个朋友，他每小时价值1000美元，很多青年尽管都赞同这句话，但还是在虚度光阴。他们不知道，自己的时间其实同摩根先生的时间一样有价值。

劳伦斯说："做事成功的秘诀是养成准时的好习惯，可是一般人的习惯总是一再拖延。"

做事准时的习惯，也和其他习惯一样，要及早加以训练。

纳尔逊侯爵说："一个人一生的成功，要归功于他每做一件事都提早一刻钟。"

"准时是国王的礼貌、绅士的责任和商人成功的秘诀。"

简捷的美德

"要简捷！一切都要简捷！"一家大公司把这几个字镶在大门口。

这张布告有两层含义：第一，办事要简捷；第二，简捷是很必要的，因为那些高谈阔论的习惯已经过时了。

如果商人在谈生意时，躺在沙发上不慌不忙，天马行空，却始终不入正题，可想而知，这样的商人根本不会在事业上取得成功。现代商务日趋繁忙，所以在谈判过程中，一定要针对业务本身，简明道来，万万不可啰嗦。

那些说话不抓重点、不着边际的人是最为可厌的。这样的人话没少说，却抓不住重点，时间一长就会让人感到厌倦。所以，喜欢绕来绕去的说话不爽快的人，即使在业务上下了苦功，也往往做不成什么大事。成就大事者无疑就是那些做事爽快、谈话简捷的人。

其实，要想培养做事爽快、谈话简捷的好习惯非常简单，只要有意地进行训练，做事有条有理、谈吐简要明了，时间一长，这种习惯就自然形成了。

我们要判断一个人是否养成了简捷的习惯，可以看他处理书信的方式。许多人写的信函冗长啰嗦，还有一些人之所以谋不到职位，仅仅是因为写不好求职信。有一个公司的经理在读自荐信时，从来都是把简捷的信挑到一边。尽管他没有和那些人见过面,但他认为写信简捷的,一定是精明能干的青年;而这位经理根本不注意那些写信冗长、夸夸其谈的青年。

商业上的信函更要写得清楚简要,我们应把每个字都当钱来对待,写完之后还要从头到尾细心地检查一遍,把多余的字删掉,力求用最简单的文字表达最丰富完整的意思。一个人一旦学会了简捷,就不会写冗长、散漫的信函了。这样坚持练习下去,就会改进一个人的思想。写信要简捷,同样,与人交谈也需要简略。

杰伊说:"对于我来说,有一种美德是完全可以做到的,那就是简捷。我一定能做到这一点。"

好钢用在刀刃上

煤可以用来发电,但是,只有1%的能量用来发光,因为一吨煤有99%的能量都被耗费在机械和电力运输上。这其中的耗费真是大得惊人,这也是近代科学家急需解决的一个大问题。

一些刚刚步入社会的年轻人,他们相信,以自身这么巨大的精力储备,一定能做出惊人的成绩,他们总认为自己有取之不尽、用之不竭的精力。他们也希望把所有的精力投入到事业中去。他们以为自己的能量不会用尽,自信于自己的年轻,所以无论何时、何地都不懂爱惜自己的身体。他们不知道,饮食无度、花天酒地、奢侈、不检点的习惯、工作的不认真等都在摧残、消耗他们生命的储能。直到最后,他们才开始反思逝去的光阴,才会吃惊地发现自己的损失,才知道追问:"我生命的储能都到哪里去了?难道我的能力竟然一点光亮也没发出吗?"

那些原本可以促使他们成功的力量,就好比煤在发电时所用的能量一样,在电路上已经消耗尽了。此时他们才发现,他们原有的那么充沛的精力,到现在竟然连照亮自己的光亮都发不出来,更别说照耀他人了。

大家都知道,精力一旦耗尽就无法挽回了。而且随着精力的消耗,还附带有更多、更大的损失。比如说埋没了一个人一生中最宝贵的东西——人格。

一个年轻人在一夜之间挥霍掉千万积蓄之后,自然觉得可惜，但假若他们把自己的精力也消耗得一干二净，两者相比，哪种损失更惨重呢？

有些人则因为动怒、抱怨、心情不愉快而消耗了自己的精力，有些人因为一些小事而消耗精力，有些人在情绪波动上消耗的精力比职业上所消耗的精力要多得多，所以常发脾气会使人宝贵的精力大量流失。

有些老板经常大声叱骂员工，甚至冲着雇员发脾气，这样既失去了雇员对他们的好感和尊重，也损耗了自己的精力和自尊。

还有一部分人在无所谓的顾虑、烦恼和不安上消耗了大部分精力。还没到做某件事的时候，他们的精力已经浪费得差不多了。因为在做这之前他们总是反复思量，思忖结果的好坏。

所有会无谓消耗生命和能力的活动，都要设法消除。如果你遭遇了不幸或错误，就马上设法补救和挽回；只要你竭尽全力了，不要再有更多的顾虑，应该立刻忘记那件事。不要让你前进的步伐被不幸和错误阻碍，也不要让曾经的不幸打击或搅乱了自己的心情，更不要让这些东西消耗你的"生命资本"。

千万别做任何损伤自己精力、消耗自己生命储能的事情，不仅如此，你还要经常问自己："我做的这件事对我的事业、我的能力有益吗？我会不会因此成为更有能力、精力更充沛的人？"

如果你想建功立业、出人头地，就一定要抛弃那些浪费生命储能和活力的东西。

随时为成功蓄势

如果一个人在精力上没有积蓄,一旦遭遇失败,往往便无法振作起来。太多青年之所以难以应付眼前的事务,就是因为没有积累更多的能量,储备相当的体力、智力及做事的能力,更不用说处理特殊情况了,其结果只能是失败。

有些人一生庸碌无为,没有受过太好的教育,其他方面的训练和知识储备又不足,他们失败的主要原因就在于他们对自己生命的投入太少。没有辛劳的耕耘,当然也就没有丰厚的收获。

在我们的一生中,总会有许多大好机会降临,一个人能不能抓住机会、能不能成功,全在于他积累的力量是不是充足。在我们的一生中,贮藏充足的力量是最有价值的事情,贮藏的力量越多,应变能力也就越强。

有一个典型的例子。韦伯斯特几乎难以辩驳海尼在议会上发表的演说词,但他感到自己在次日上午的会议上必须答辩。这个时候,议会中的问题关系到美国的前途,已经来不及查找资料或请教他人了。在当时,韦伯斯特的答辩会在很大程度上影响议会投票,也就是说韦伯斯特处在非常重要的时刻。就在那晚,韦伯斯特在匆忙之下写就了一篇演说。那晚既没有书籍,也没有资料,全靠他平时储存的材料。在自己书桌的架子上,他

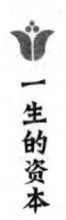

发现了一卷平时储存的札记。于是，他以这些东西为参考资料，写成了那篇答复海尼的著名演说词。第二天早晨，韦伯斯特在议会上用很充分的理由完满地答复了海尼的演说，赢得了其他议员的大力支持。如果平时没积累大量材料，他怎么可能在那么仓促的时间里，作出如此有力的答辩呢？

所以，你所需要做的拥有巨大价值的事情，就是在事业、体力、精神、道德等方面的积累。如果你想成就一番事业，必须做好充分的准备，以应付一切可能的变故。

这段历史会给我们很大的启示。在普法战争前，普鲁士的将领毛奇深谋远虑，他在战争前做了充分的准备。所以，战争一爆发，毛奇率领普鲁士军队很快就击败了拿破仑三世。

在普法战争爆发前13年，毛奇已经准备好了严密的作战计划。普鲁士的军官都知道毛奇的训令，都明了在作战过程中应该采取的行动与策略。战争一旦爆发，这些军官立刻按照他部署的去做。

对于订下的作战计划，毛奇部署得非常周密。他将自己的计划交给每个将领，以便随时应变。据说1870年的战略方针，毛奇于1868年就拟订好了。普法战争中，普鲁士的军队在毛奇的指挥下秩序井然，很少出现差错。

普鲁士全国的每一个司令都有一个密封的信封，信封内装着对战争的秘密部署，如何调遣军队，如何进攻退守等。一旦开战便可以拆开信封，迅速行动起来。除此之外，作战的地点也都是部署在地理位置和交通最有利的地方，以便于作战。

看看毛奇的深谋远虑，再看看法国军事当局的做法，两相比较，差别立显。战争开始后，法国将领从前线发加急电报给司令部，一会儿说缺少扎营材料，一会儿说缺乏给养，还报告说军队难以集中。由此可见，法军在调度上要比普鲁士军队逊色多了。法军最后战败也就在情理之中了。

生活中很多人之所以最终一无所成，就是因为对事情没有充分的准备。他们认为以自己的能力完全可以应对，就不思进取了。他们往往只顾眼前的利益，缺少长远打算。

一个人要想以后有丰盛的收获，一定要在撒种之前备足肥料。

少说废话

一切成就大业者必须具备直率、迅速这些基础素质。对于任何事情一定要静下心来细心思考，既不可马虎也不可含糊，要把事情分析清楚。

那些"空闲无事"的人跑来聊天，是那些杰出的商人或工程师最怕的事情。这些无聊的人往往一见面就嘘寒问暖地寒暄半天，迟迟不说明自己的来意。

当成功的人与别人商谈生意时，他用不了多少工夫就能把来意说得明明白白，绝对不会浪费别人一点时间。当他把自己所要商谈的事情谈妥后，便会立刻打住，告辞而去。

有些人的确有极富价值的观点，但由于他们说话啰嗦、毫无头绪，使别人再也不想理睬他们，只想尽快避开。这种人只让人觉得计较于鸡毛蒜皮之事，而丝毫不能给人以直率、迅速、大刀阔斧的印象。

办事干练、为人精明的人大都具有迅速、直率的性格。他们绝对不愿意把分秒光阴耗费在毫无益处的啰嗦上，非常珍惜自己宝贵的时间。这种惜时如金的精神，也是每一位成功者所应具备的品质。

很多人之所以失败，其中一个重要原因就是办事时拖沓，不能迅速地完成。因为他迟疑不决、优柔寡断、瞻前顾后，很多天赐良机就白白错失了。

有很多本来前程无限的律师之所以最终失败，就是因为不能直率而迅速地处理事务。美国联邦最高法院的一位法官说，对于案件中核心问题的辩论往往是一件案子的胜负关键。因为考虑到案子的重要性，有些律师出庭时就把辩护词面面俱到地讲了一大堆，并且还列举无数个证据。结果，法官和陪审员被他搅得头都晕了，并且因为他的话语和细节太多，反而很容易被对方抓住许多漏洞。要知道，在法庭上没有时间允许你多说一句废话，那些直截了当的辩护才是法官和陪审员最爱听的。无论你因何事而辩论，一定要用最简洁透彻的方式来加以阐明。

无论你的学识有多深，本领有多大，脑子有多聪明，都必须迅速果断地处理事务，这样才能够切中要害而获得成功。

许多高校获得了一定学位的毕业生，看起来似乎前程似锦，可以大有作为，但是很多人只能眼看着机会一个个溜走，因为他们缺乏一种迅速果断的性格。很多人出生于富贵之家，有着优裕的生活，又受了很好的教育，亲友家长对他们也有很高的期望，但就是因为他们缺乏迅速果断的性格，以致无法把握住良机，无法获得好的发展，最后令人非常失望。

沃纳梅克的合伙人罗伯特·奥格登说："根据他的经验，一般情况下，无上进心的年轻人最大的弱点就是话太多。他认为，更容易获得成功的是那些沉默寡言但能做出实际成绩的人。"老范德比尔特也对我们说："我的成功秘诀就是'少说话'。"

珍惜时间

　　珍惜时间是每个成功者都必须遵守的法则。通常，工作紧张的大忙人都希望自己宝贵的时间不要受到损失，他们都希望那些喜欢聊天的闲人离自己远一点，不要耽误自己的时间。

　　无论当老板还是做职员，一个有条不紊的人总是能判断自己的生意的价值。如果要说很多不必要的废话，他们都会很快想出一个收场的办法。同时，他们也绝对不会在别人上班时，去和别人天马行空地谈些与工作无关的话，因为这样做实际上是在妨碍别人工作，也损害了雇主的利益。

　　某位大公司的老总向来就有待客谦恭有礼的美名，每次事情谈妥后，他便很有礼貌地站起来，与他的客人握手道歉，遗憾地说自己没有更多的时间再多谈一会儿别的。那些客人对他的诚恳态度都很满意，也都很理解他。

　　在拿到来客名单之后，善于应付客人的人就能估算自己应该预备出多少时间。老罗斯福总统就是这方面的典范：如果是一个分别很久只想见上一面的客人来拜访他，老罗斯福总是在热情地握手寒暄之后，便很遗憾地说他还有许多别的客人要见。这样一来，客人就会很简洁地道明来意，很快告辞。

　　那些在各大企业财团工作的高级职员以及在大银行、大公司工作的经理，多年来都学到了这种本领。有很多实力雄厚、目光敏锐、深谋远虑的大企业家，都是以办事迅捷和沉默寡言而著称的。他们说出来的话,句句都很准确到位,都有一定的目的。他们从来不愿意多耗费一点一滴的宝贵时间。当然,有时一个做事待人简捷迅速、斩钉截铁的人,也可能容易引起别人的不满,但他们绝对不会往心里去。他们为了要恪守自己的规矩和原则,为了要在事业上有所成就,不得不减少与很多人的来往。

每个成功者都具有一种特质。商人最可贵的本领之一就是无论与谁来往,都能做到简捷迅速。一个人如果有意志力去远离那些话多的人,那肯定是因为他真正认识到自己时间的宝贵。在美国企业界,在与人接洽生意时能以最少的时间产出最大效力的人,首推金融大王摩根。他为了恪守珍惜时间的原则,招致了许多怨恨,但其实人人都应该把摩根作为这一方面的典范,人人都应具有这种珍惜时间的美德。

晚年的摩根仍然是每天上午9点30分进入办公室,下午5点回家。有人对摩根的资本进行了估算后说,他每分钟会有20美元的收入,但摩根自己说还不止这些。所以,除了与生意上有特别重要关系的人商谈外,他还从来没有与谁交谈超过5分钟的。

摩根不像其他的很多商界名人,只和秘书待在一个房间里工作。他总是在一间很大的办公室里,与职员们一起工作,摩根会随时指挥他手下的员工,去按照他的计划行事。当你走进他那间大办公室,一眼就会看到他。但如果你没有重要的事情,他绝对不会欢迎你的。

摩根有极其卓越的判断力,当你和他说话时,一切转弯抹角的方法都是没用的,他能够立刻猜出你的真实意图。如此卓越的判断力,为摩根节省了很多宝贵的时间。有些人本来就没有什么重要事情需要谈,仅仅是想找个人来聊天,因此耗费了工作繁忙的人许多重要的时间。摩根绝对无法容忍这样的人。

# 第九章

一边工作,一边生活

一个年轻人应该时刻注意积蓄自己的体力和脑力,如果忽视自己强健的体魄,那么他无疑是把自己的成功资本轻易扔到大海里去了。

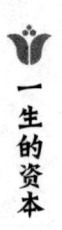

身体是最大的本钱

衡量一个人事业是否成功，并不是以他在银行中存款的多少为标准，而全在于他怎样利用自己内在的资本，以及他做事的能力。一个身体柔弱、或者是在烟酒中精力耗尽的人，比那些体格强壮精神旺盛的人成功的机会小得多。任何一个冷静的人、执著的人、有为的人，都会保持自己所具有的种种力量，不论是身体上的，还是精神上的，他们绝不轻易浪费生命中最宝贵的资产。

任何方式的精力耗损都是一种不可宽恕的犯罪行为。每个人都应该对这种行为深恶痛绝。

体力和精力是我们一生成功的资本，我们应该尽力阻止这一成功资本的无端损耗，要以全部的精神，对体力和精力加以最经济、最有效的利用。

在你做事的时候，如果能始终在精力最为旺盛的状态下发挥才能，肯定会有极大的成效。

如果在工作的时候不能发挥自己的才能，那么他就没有什么成功的机会了。

那些从早晨起就精神颓唐、毫无生气的人是最可怜的。这样的人去从事工作，是不可能做出什么成绩的。

胜任自己的工作并且愉快地工作，精力充沛地工作一小时，甚至比消极颓唐地终日工作的业绩来得好，而且你完全不会感到工作的艰难和痛苦。在你接手工作的时候，应该对它有浓厚的兴趣,决心全力而为,这样,工作起来才会干劲十足。

身体是成就大业的最大资本。如果一个年轻人性格羸弱,或者才能未受训练,以这样的条件却要去获得很高的地位,这是不可能的。个人成功的秘诀,就深藏在自己的脑海里、神经里、肌肉里、志向里、决心里。对一个人来说,体力和智力是最重要的东西,因为体力和智力决定了人的精神状态、生命力和做事的才能。

有些人耗在工作以外的精力远多于用在工作上的精力。在他们看来,只有体力的消耗才会使人的精神受损,如果有人去提醒、劝诫他们,他们或许还会生气。他们并不知道精力消耗的原因很多,比如烦恼、发怒、恐惧以及其他种种不良的情绪。另外,把工作带回家里,利用应该休息的时间来工作,这其实也是一种精力损耗。

你最有效的成功资本就是充沛的体力和智力,倘若将它们全部空耗,那实在是太可惜了。

大自然是无情的,在大自然的眼里,君王和乞丐没有区别,即便贵为君王,如果违反了它的法则,也要受到惩罚。它不会接受任何借口或推诿,它要求人们以最旺盛的精力,去努力做事。

一个体育选手必须能吃苦耐劳、持之以恒,他们不分寒暑地进行训练,每天都在为自己的荣誉奋斗。他们为了做到精神振奋、生气勃勃、有忍耐力,不得不竭力自我克制,时时注意自己在日常生活中是否恪守规则。他们往往不喝酒不抽烟,也不允许自己去吃那些有害身体的食物,只吃有益身体的食物。他们在生活中有条有理,遵守一定规律,甚至对自己的睡眠、饮食、运动都实行严格的管理。

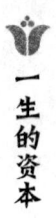

他们花费了大量的时间，严格地管理自己、训练自己，目的只有一个：能够全力以赴地参加一次20分钟的竞赛。他们的荣辱成败就系于这短短的20分钟！

有人很不理解为什么要每天早睡早起，弄得满头大汗，就为了去争取那20分钟的胜利？但是据我所知，为了得到那20分钟的宝贵荣誉，那些竞赛者总认为自己的锻炼还不够刻苦、准备还不够充分。

同样，有些人很不理解那些从事学术研究的人：只要大略地知道些各科常识不就行了吗？怎么会经年累月地去研究那些高深的数理、历史、文学呢？

在很多肤浅的人看来，这种见解一定是不错的，但是，直到最重要的时刻或面对最激烈的竞争时，一切都清楚了，代表荣誉的奖杯都落到了那些最刻苦努力的人手里。而此时，那些失败者才会埋怨自己：以前为什么不多吃点苦、多下些功夫、多训练一点、多学习一点，以便在这样的关键时刻取得胜利。

一个渴望成功的人总会不断思考：怎样利用他自己的才智、精力和体力才是最有效率的。有不少人，就好像挥霍金钱一样，将自己的才智、精神和体力白白地消耗了。

那些立志成功的人非常明白，应该把自己的精力全部倾注到事业上，但是在实际工作中，他们仍然不自觉地在毫无意义的事情上浪费相当多的精力。一个人利用自己的精力，就像我们平时用水一样，一不小心就会浪费很多。

世界上大部分人都在随时浪费自己的精力，不仅如此，他们甚至连另一个重要的成功资本——身体也不注意，他们常常把身体弄得像生了锈的机器。他们损耗脑力的方法更是五花八门，比如易怒、烦躁、苦恼、忧郁，这些心理造成了生命力的最大损失。它们所损害的生命力与其他的坏习惯比起来，不知道要超出多少倍！

每个精明谨慎的商人都懂得怎样把每一分钱都花在最有效的地方。但有些人却把自己从前积蓄的脑力，一天就消耗得一点不剩；多年储存的体力，一天就用个精光。常常这样，他们还凭借什么去做大事呢？

一个年轻人应该时刻注意积蓄自己的体力与脑力，如果忽视保持自己强健的躯体，那么他无疑是把自己的成功资本轻易地扔到大海里去了。无论他的志向有多远大，最后也是无能为力，无法实现自己的目标。

我们经常可以看见一些青年，他们还不到30岁就已显得老态龙钟。当他们刚开始做事时也有着巨大的"资本"——宝贵的脑力、才能和体格，这些东西他们并不比别人差，但是现在还不到中年，他们就把自己那巨大的"资本"挥霍一空。

暴躁易怒、神经过敏、稍有挫折就极度沮丧、略遭困难就烦恼异常等，以上几项，如果你有其中的一项，你一定要有所警惕了：成功的劲敌正在耗散你的精力，削弱你的生命，它们正在暗中向你的全身发起猛烈的进攻。

所有人达到成功的最有力的助手便是有规律的生活，这也是每一个渴望在生活竞技场上胜出的人应该拥有的。当然，你也不能例外。如果你不能保证自己充足的睡眠、适量的饮食和充分的运动，那么你的身体迟早会亮起红灯。

有些人知道每天都在车轴上滴上一些油，延长其使用期，但他们从不知给自己放个假去作一次舒服的旅行；有些人每天早上

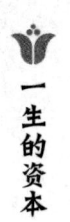

要把机器仔细检查、修整一番，然后再启动开关，但他们对于自己那架身体机器，却从来不知道加上足够的油，或使它有适当的休息。

再精良的一架机器，如果不按时检查整修，还是很容易毁坏，最终会减少使用寿命。人也是一样，如果他整日埋头苦干，过度劳累，等到自己支持不住时才肯罢手，那么他很可能会一蹶不振，往日的健康也不可能恢复了。

但是有些人明知道这样做会有损健康，依然开足马力，工作工作再工作，直到身体这架机器快要炸裂了，还不肯罢休。这样做，对他有什么好处呢？

充足的睡眠、适度的饮食和运动是给你身体这架机器加油的最好方法，最好还能常常到野外去走走，这样有助于使你所耗的精力、体力迅速地得以恢复。如果只知工作不知保养，你一辈子也休想做出什么伟大的事业来。

很多精神病专家说，大脑使用过度是人们自杀的最大原因。

当你对任何事情都无法提起精神、引不起兴趣，只感觉到身心俱疲、生活乏味，你是该去多睡会儿了，或者到乡间去散散步。你可以挤出几天时间，到乡间去散步、旅行，去爬山、游泳，这样，那些忧愁苦闷的情绪在不知不觉中就被排除了，你的身心就可以迅速恢复。

你应该是一个懂得自我珍重的人，否则，你绝不可能享受到健康的幸福。你应该是一个珍惜自己身体和脑力的人，这样才能拥有强健的体魄。

身心都要健康

身心疲惫对个人与社会都会造成巨大的损失。

健康乃是生命力的源泉，如果没有了健康，则效率锐减，生活也不再有乐趣，生命之光也会由此黯淡。所以，一个人身心健康，本身就是一种莫大的幸福。

很多受过高等教育的年轻人，拥有一切成功的基础，只是因为身体原因，空有远大的志向，却难以实现。无数的人因为身体的羸弱，不得已过着忧闷的生活，虽然满腹经纶，有抱负有能力，却不能发挥出来。

壮志难酬是一个人一生中最为可惜的事情，如果抱负远大，却因为身体不够健康而不能实现，这将是一生中最痛苦的事情。许多人一开始就不知道保养身心，所以受到身体的制约，因此伤心失落。所以，每个人都要懂得保持自己身心健康的方法。

一个人如果没有休息和娱乐，也从不更换工作的内容与环境，仅仅是把全部精力都放在工作上，那么他的思想就很难活跃。一个整天埋头工作、在生活中几乎不参加娱乐活动的人，往往会在事业上趋于早衰。一个人若是呆板不变，也很少游戏娱乐，就很难保持对自己职业的兴趣。成就大事业的人并不是那些一年到头埋头死干、即便遇见老朋友也没有时间谈话的人。

我认识某个大公司的总经理，他一天只用两三个小

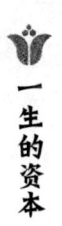

时办公,却是一个非常成功的商人。他时常借着外出旅游,以此来整理他的思绪。他也清楚地认识到:只有保持健康的身体,才可用最好的精神状态来应付工作。后来这位商人功成名就。他办公的时候,很少失误,精力集中,效率极高。他两三小时工作的效能竟超过普通人一天的工作成果。

如果一个人不断消耗他的体力和精力,当意外发生时,他便无力抵抗,只能束手就擒。一个身体健康的人体内储藏着极大的能量,能够抵抗各种疾病的侵袭。

"只工作不休息,杰克也会变成一个笨孩子。"这句格言在美国非常流行,说明了健康的重要性。在人类的天性中,就有游戏的一面,所以游戏一事,在人们的生活中是不可或缺的。可现在有不少雇主,他们不懂得这个道理:适当的游戏娱乐可以使雇员获得更为健康的身心,因此可以提高工作的效率与效能。他们只是一味逼迫雇员整日埋头工作,结果适得其反。

有不少人为了工作破坏了一切健康的规则,应该两三天完成的工作用一天来做完,能够供应两三天的食物一顿就吃尽,他们还傻傻地以为打破了生物的规律,可以凭借医疗方法来加以补救。在大自然的规则面前,什么也休想蒙混过关,这太愚蠢了!

还有很多人,一边透支他们的身体,一边请医生来诊治。结果就是,胃病、失眠、癫狂、神经衰弱等疾病接踵而至。

一个人脑力的充足,依赖于身体的强健。一个身体健康的人,其才干与效能,要超过十个体弱者。所以,我们需要健全的身心,需要一种有节制的生活。

善于控制自己的情绪

　　那些真正杰出的人物都能成为自己的主人,控制自己的性情。富有化学性心灵的人,也就是善于管理自己情绪的人,正如同化学家懂得利用碱性来中和酸性一样,他们知道如何消除忧虑,解除烦闷。

　　化学家们都知道各种酸的作用,以及与其他化合物溶解后的效用。不懂化学的人就不知道中和的道理,将酸错误地溶在其他酸性液体里,不仅不能中和,反而使药性更烈。

　　因此,一个具有化学性心灵的人,他知道用快乐消除沮丧、忧郁,用和谐解除偏激,用乐观消灭悲观,用友爱驱走仇恨。由于他懂得种种消除忧虑解除烦闷的方法,善于管理自己的情绪,他心灵上便不会遭受种种痛苦。

　　很多人不懂得心灵上的化学原理,对于自己思想上的苦闷和烦恼,不知如何消除。任何人都会遭遇到心灵上的苦闷,不过到了一个时期,人应该用理智来指导自己,用适当的消毒药来解除心灵上的各种苦闷。

　　大部分人认为只要把恶念驱除就可以了,他们不知道,用善美的思想来赶走恶念将更有效。心中充满了悲观、偏激、仇恨时,只要立刻转到相反的一面,便会拥有乐观、和谐、友爱,这就好像把冷水管的龙头一开,沸水便会立刻降温一样。

　　如果你想驱逐室内的黑暗,只要推开窗,让光亮透进来,黑

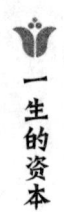

暗便会自然消失。

许多人以为思想只被脑神经影响，其实不然，思想并不全因于脑神经。生理学家发现在盲人的手指头上，也有着敏锐的神经质。不少盲人有着惊人的技艺，如能辨别织品精粗，甚至颜色的浓淡深浅等。

人的身体由脑细胞、骨细胞、肌肉细胞等十二种不同的细胞组成。而一个人的健康，全赖于这些细胞的健全。身体的细胞都彼此相关，伤害一个细胞，就有害于全身的细胞；有益于一个细胞的，也就有益于全身的细胞。人的思想与每个细胞的健康都联系密切。

生理学家的实验表明，一切邪恶的思想皆有损于人体细胞。由于激怒容易使神经系统受到损伤，有时要花上数星期才能恢复。无数的实验证明，一切健全、愉悦、和谐、友爱的思想，都有益于全身的细胞，都有益于增进细胞的活力。

科斯教授做过一个实验，证明身体的和谐会被愤怒和忧郁损害，而快乐感具有滋养细胞和再生细胞的力量。

科斯教授说："良好的情感对人有着全面的有益影响。不良情绪对于人体的肌肉，有着很大的副作用。脑神经中的每一个思想，都因细胞的组织而更改，而这更改是永久的。"

一个人一旦有了健康的思想，那些不健康的思想，便无法立足了。

对于水来说，没有一种污染不能经由化学的方法来净化。同样，健康的思想能肃清所有污浊、鄙陋的思想。偏激、悲观、不和谐都是思想的病症，而只有真实、美满、乐观的思想，才会提高人生的质量，因为健康的思想和不健康的思想势同水火。

远离烦恼

没有人会毫无烦恼。为了摆脱这个使人心灵沉重的恶魔,许多人抽烟喝酒,最后变成了醉汉和烟鬼,甚至因此丧生。

无数人的伤心、失望和失败都因烦恼而起。烦恼给个人和社会所造成的损失难以估量。很多天才因为烦恼而从事着一些极为平庸的工作。如果把所有的精力都浪费在烦恼上,就不可能使他的能力有淋漓尽致的发挥。

烦恼会消耗人的精力,消磨人的意志,削弱人的力量,进而损害人的健康。一个商店的员工,假若今天偷一点钱,明天偷一点东西,长此以往,他会因自己的行为而深感自责,烦恼便日夜掠夺他的体力,消耗他的精力,并在精神上给予他摧残与打击。烦恼不会使人获益或改善境遇,只会损害人的健康,消耗人的精力,降低工作效率。

一个人的工作效率会明显地受到烦恼的影响。当一个人思想混乱、身处烦恼的时候,绝不可能出色地完成工作任务。因为烦恼会使人失去全盘思考问题、合理规划的能力。

许多母亲把愤怒发泄在孩子身上,比日常工作耗费的精力还多。她们常常很疲劳,却不知道自己浪费了很多精力。

烦恼让人的心情变得黯淡,它就像一把无情的凿子,在人的脸上凿出条条皱纹,给人以苍老的容颜。我曾见过一个人,因为接连几星期的烦恼,面容憔悴不堪,好像变了一个人似的。人若

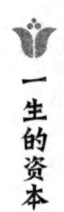

是长期陷入烦恼之中，精神很容易受损。有些人还很年轻就开始衰老了，不是因为工作劳累，而是因为易怒。愤怒导致了家庭的不和谐，也加速了人的衰老。

人在生病时容易自寻烦恼。那些身体很棒的人，从来没有烦恼，因为好胃口、充足的睡眠和清爽的精神都能消灭烦恼。

有些妇女去做美容，用按摩、电疗等各种方法使自己显得年轻一些。其实，青春常驻最好的方法就是保持心情愉快、开心豁达。如果为了自己的皱纹而终日烦恼，结果只会变得越来越老。

经常保持愉悦的心情，而不去想生活中的不幸，这是驱除烦恼的最好方法。

当恐惧、忧虑侵入时，应该用勇敢、希望、自信把它们赶走，使烦恼无处藏身。

要想摆脱烦恼，不用去医院，不用找医生，你自己就能解决，只要你用希望去替代失望，用勇敢去替代沮丧，用乐观去替代悲观，用宁静去替代烦躁，用愉快去替代郁闷。

培养对美的鉴赏力

从小时候开始，人就应该培养爱美的习惯、良好的性格、高尚的情操、高雅的气质和敏锐的感觉。

培养对美的鉴赏力，是一件比投资任何行业都有价值的事情。美的鉴赏力能给我们一个彩虹般的美丽世界，让我们快乐。爱美不但可以给人带来快乐，还能提高我们的工作效率。

靠我们的眼睛和耳朵，就可以培养出我们高尚的品格。我们用眼睛和耳朵去感受世界，像大自然中的鸟唱虫鸣、潺潺溪水、呼啸的风声、芬芳的花草以及那无数的美景。一个人不能用感官去体验、感受大自然，爱美的天性就得不到启发。没有"爱美"之心，生命将枯燥无味，而他本人也会变得性格粗鲁，缺乏吸引力。一个爱美的人，从他的言谈举止中就可以看出他美好的思想。这样的人不但会成为一个合格的工匠，还能成为一个出色的艺术家。

美可以陶冶性情、养育品格。让一个孩子生活在只知金钱而不懂审美的世界里是非常不幸的，这样会使孩子变得唯利是图，更谈不上养成高贵的品格和高尚的情操。

人的性格，很难受别的东西影响，却容易受自然风景、美丽花卉的影响，所以爱美在人的生活中占有重要位置。爱美的习惯可以激发、点缀、丰富我们的生命，使其益发完美。懂得享受自然美，是养成高贵人格最重要的一条。

我们不能为了追求金钱而丢掉生命中最高贵、最美丽的东西——"美"。美可以激发我们内心深处的力量，使人的头脑更清醒，使人的精力得到恢复，并能促进我们的身心健康。我们应该使"美"充实在我们的生命里。

父母应该了解，幼年时期是孩子精神特别敏感的阶段。一幅画都能轻易对孩子的品格产生影响，所以父母要尽力开发、培养孩子的审美能力。让他们去听美妙的音乐，朗诵优美的诗歌，阅读富有感染力的著作等，使他们受到艺术的熏陶。

美感的培养重在心灵，所以还要努力培养和善、友爱、大公无私的精神。

爱美的心灵、爱美的情操与能力的培养跟其他知识的学习一样重要。学校和家庭，都要把美作为神圣的教育工具，教孩子们去认识美，让孩子们认为美是生命中最高贵、最重要的内容。

每个人应该从小就去培养他爱美的能力，那是谁也无法剥夺的财富。如果你受过美的教育，那你应该为之庆幸，因为你已经拥有了一件无价之宝。

让心中充满爱

人的感受是随思想的变化而改变的，就像海水时起时落一样，人们的感受时而愉悦，时而恐惧。我们宁可让窃贼盗去钱财，也绝不允许混乱、软弱、恐惧、嫉妒等侵入脑海，窃去我们心中的和谐、快乐和幸福。

主宰人们思想的是心灵。心灵的意象刻画在人的生命里、品格上。在生活中，人们不断地把心灵的意象变成现实。心灵影响着我们生活的方方面面。

生活中我们要保持身心的和谐健康，驱散那些降低我们效率、破坏我们心境的不良情绪，这关系到我们的前途。

不同的思想产生不同的影响。乐观、积极的思想，会使人健康兴奋，会像一股欢乐的清泉流遍我们的全身，会给人带来新鲜的希望、勇气和细腻的生活品味。

每个人的世界都是自己的杰作。人的面容能反观人的思想。当一个人遭遇打击，或经济上蒙受损失时，他会因心情不好而愁眉紧锁。一个人思想里若充满了恐惧、怀疑、绝望，他就难以走出悲愁与痛苦的困境；但他如果抱有乐观的态度，他心灵的阴霾就会被阳光驱散。

凡是能够保持积极向上思想的人，一定懂得用希望代替绝望，用坚韧代替胆怯，用决心代替犹豫，用乐观代替悲观。一

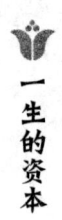

定不要让病态的、不和谐的思想侵入你的心灵。一个人如果内心充满了积极的思想，一定能驱走心灵的敌人。这种积极向上的思想，比那些沮丧、绝望、犹豫的情绪有利得多，它能肃清一切心灵上的敌人。

缺少决心和毅力将一事难成，更别说驱逐心灵的敌人了。要驱除心灵中深藏的仇敌，必须要持之以恒，坚持不懈。

有些思想在人的心灵中是对立的，有些思想在心灵中是矛盾的，爱的阳光可以驱逐仇恨妒忌的思想。

我们应该用乐观驱逐悲观，用希望驱逐绝望，用快乐驱逐悲伤。只要我们心中充满爱的阳光，当敞开心灵时，一切悲伤的思想都会烟消云散，因为阴暗的东西是见不得阳光的。

不要让思想的敌人侵入自己的内心，要时时告诫自己："我一定要赶走仇恨、凶暴、沮丧、自私的思想，它们会夺走我的快乐、削弱我的才能、毁掉我的前程。"

善良、高尚、友爱、诚实、和谐的思想能迅速地驱散那些不良的思想。因为，在同一时间，两种势不两立的思想不能在一个人的心灵中共存，它们是相互排斥的。

如果人人都能保持天真欢乐的情绪，而且心灵上没有受到伤害，那么一切破坏性的、腐蚀性的思想都会离你而去，让你免受许多不必要的损耗。事实证明，几小时内因悲伤所消耗的精力，比做几个星期的苦工还多。

我们生命中高尚的情操，受到爱、仁慈和善良思想的养育，能给我们带来健康、和谐的力量。

儿时，我们赤足走在小路上，会小心避开尖石。仇恨、妒忌、自私就是思想的尖石，会伤害我们的身体和心灵，所以我们一定要尽力驱除心灵的敌人，欢迎心灵的朋友！

第九章 一边工作，一边生活